U0686263

不迎合、不媚俗，不自轻、不自弃

做一个
有境界的女子

张卉妍 / 编著

吉林文史出版社
JILINWENSHICHUBANSHE

图书在版编目（CIP）数据

做一个有境界的女子 / 张卉妍编著 . -- 长春：吉
林文史出版社，2019.2（2019.8重印）

ISBN 978-7-5472-5863-7

Ⅰ.①做… Ⅱ.①张… Ⅲ.①女性—修养—通俗读物
Ⅳ.①B825-49

中国版本图书馆 CIP 数据核字（2019）第 021965 号

做一个有境界的女子

出 版 人	孙建军	
编 著	张卉妍	
责任编辑	弭 兰 杨 卓	
封面设计	韩立强	
图片提供	摄图网	
出版发行	吉林文史出版社有限责任公司	
地 址	长春市人民大街4646号	
网 址	www.jlws.com.cn	
印 刷	天津海德伟业印务有限公司	
开 本	880mm×1230mm 1/32	
印 张	6	
字 数	120千	
版 次	2019年2月第1版 2019年8月第2次印刷	
定 价	32.00元	
书 号	978-7-5472-5863-7	

前言

在我们的身边总有这样一些女人，她们散发着无穷的魅力，时时刻刻让人仿佛沐浴春风。她们可能没有倾城的美貌和妩媚的身姿，但是她们积极的心态总是带给人无尽的享受；她们自信而大方，底气十足，即使不动声色，也能够恰如其分地展现出美妙的情致；她们面对坎坷与不幸，不会低头，不会一蹶不振，而是用积极的态度去应对、去迎战！她们如同冬日暖阳的化身，明媚而温和，仿佛可以驱走一切黑暗和寒冷。她们就是拥有开阔的格局、强大的信念、满满正能量的有境界的女人。

很多女人都想做别人眼中的焦点人物，想拥有梦想的成功和幸福，但并不是每一个女人都能做到这一点。有的女人花尽了心思却不能赢得别人的好感；而有的女人不用做什么就能吸引别人的目光，总会有人众星捧月般地围绕在她们身边，甚至成功与幸福也会不期而至。为什么会有如此大的差别？毫无例外，那些能吸引他人的女人都自有境界，不迎合、不媚俗，不自轻、不自弃。花红不为争春春自艳，花开不为引蝶蝶自来，有境界的女人，她们的每一个微笑，每一个动作，说出来的每一句话，都能让人感到她们与众不同的气质与魅力。不管在职场还是生活中，她们总是可以应对自如，将一切打理得井井有条。

一个有境界的女人在人际交往中，总是能坦然地呈现最真实的自己，懂得自爱与爱人，她身上散发的性格魅力使她时刻成为一个受欢迎的人；一个有境界的女人在职场上，谈笑风生，从容自若，不被压力击垮，不为自身情绪所左右，她总能挖掘自身潜能，展示出最好的自己；一个有境界的女人在婚姻中，温婉、宽容、独立，她知道幸福的婚姻是对彼此性格的接纳与完善。这样的女人用自己的眼睛去看世界，有自己的想法，不为世俗改变原本纯净的心；这样的女人才是睿智聪慧和气场强大的女人。

能自觉修炼自己的女人，将获得无比巨大的力量。这种力量不仅能够完全地控制一个女人的精神世界，而且能够引导女人的心智达到前所未有的高度，让她引爆自身魅力、引动情感幸福、收获成功和幸福的人生。

目 录
CONTENTS

第五章　优雅，女人永不褪色的美

第六章　豁达做人，心宽的女人泪窝浅

第一章

气质，一个女人最高级的性感

气质是一种内在的人格魅力

一个人的真正魅力主要在于其特有的气质，这种气质对同性和异性都具有吸引力，可以说，气质是一种内在的人格魅力。

一本美国人写的书中有这样一句话："汤姆的母亲是一位40岁的绝代佳人。"乍一看到这句话有些疑惑：40岁的绝代佳人？女人40岁还能被称为"绝代佳人"吗？事实上，让我们看看身边的实例吧：40岁的张曼玉，50岁的林青霞，70岁的伊丽莎白·泰勒……原来，有些女人，不是以外貌而论的，沉淀在骨子里的气质把她们修炼成永远的绝代佳人。

那么，气质是什么呢？在《辞海》中，气质解释为人的相对稳定的个性特点和风格气度。生活中，有的女人性格开朗、潇洒大方，往往表现出一种聪慧的气质；有的女人温文尔雅，往往显露出高洁的气质；有的女人性格爽直、行为豪放，气质多表现为粗犷；有的女人性格温和、秀丽端庄，气质则表现为恬静……无论这些女人所表现的气质是聪慧、高洁，还是粗犷、恬静，都能展现出自身的人格魅力。

气质来源于内心，是女人人格魅力的主旋律。

气质是一种独有的个性，人的个性一旦养成，自然就会流露出来，就像玫瑰花一样，它不需要证明什么，流露出来的就是芬芳，就是最极品的美。女人独有的气质与个性是富有感染力的。只有拥有与众不同的韵味，才能成为一个让人难忘的人。气质是一种潜在的灵性，大家都知道漂亮的女人不一定有气质，而有灵性的女人则一定很美。漂亮是天生的，是外在的，如果没有内在的气质来支撑，那么女人的美就像是苍白的花瓶，难以给人深刻的印象。而有灵性的女人，虽然相貌平平，但她的一举一动、一言一语、一颦一笑都尽显气质，这种自然散发出来的韵味，让人过目不忘，回味无穷。

气质是一种智慧。秀外慧中这四个字恰到好处地解释了这个道理。在这个极尽声色的时代里，很多人很容易落入表象的陷阱中。有的女人往往误以为仅仅靠着浮华的装扮、体面的职业与高贵的身份，就能够吸引他人的视线。事实并非如此。气质女性所焕发出的魅力当中，智慧是最持久、最深刻的表现。

女人拥有气质，是她一生的财富，气质在日常交际、与人合作时都显得非常重要。当你遇到一个与你相交不久，对你还不甚了解的人时，你散发的气质将决定着别人是否愿意继续与你交往或与你合作。

一个有气质的女人，是外在形象与内在素质的完美结合。一个有气质的女人，就像一本书，每一次品读都给人新的感悟。也许这本书并没有美丽的封面，却依然能令人回味无穷、爱不释手。一个有气质的女人，就像一幅画，令欣赏者流连忘返，不知不觉忘却了时间的流逝，只深深沉醉于她的万千气韵中。

那么女人要如何修炼气质呢？

女人的气质是外表印象、内部涵养、礼仪行为的总和。女人的气质修炼是一个积累的过程。所谓"近朱者赤、近墨者黑"，想要增加自身气质的女性，平时就要注重从内而外培养自己的好气质。

总之，气质是女人内在散发出来的一种人格魅力，气质的释放与修炼要慢慢来。女性修炼气质不是玩心机的把戏，也不是只上几堂气质培训课就行了，而是要更多地激活自己的潜能，丰富自己的内在，让自己变得越来越美好。

气质是一种潜在内心的美感

伟大的作家雨果说："塑成一个雕像，把生命赋予这个雕像，这是美丽的；创造一个有智慧的人，把真理灌输给他，这就更美丽。"雕塑需要赋予其生命才有灵魂，人需要真理的滋润才具魅力。这种魅力是一种气质，也是一种潜在于内心的美感。

美，可以净化人的心灵。对美的追求是人类从远古时就开始的行为。从石器时代的装饰品到今天对艺术的追求，将艺术融入生活，这些都是人类对美的追求。而在人类对美的追求之中，也把美丽的女人列入了其中。

现实生活中，有些女人尽管没有让人惊艳的娇容，也没有令人垂涎的身材，没有绝美的服饰，亦没有珠光宝气，但她们的气质却让人感到了美。这种美，是从内而外散发的气质之光，这种气质美更多的是指她们精神与品质上的美丽、温柔可爱的性格等。因此，女人的美丽不存在于她的服饰、她的珠宝、她的发型中，女人的美丽必须从她的心中寻找。

"看到她就感到舒服。"一位认识李女士的人如此评价道。从相貌上说，李女士长相一般，细眉细眼香肠嘴，但她的气质却是干净、雅致、知性的。李女士在香港做陶艺老师，她的审美力不俗，故她的衣饰、用品、家居布置、店铺装修等都透着一股子不俗的艺术之气。

一次，来自台湾的学生问李女士为什么气质如此之好。她没有直接回答，反而提了这样一个问题："那你先猜一猜我的年龄。"

这位学生说："32岁？"李女士摇摇头，"28岁？"李女士还是微笑着摇头否认。

"现在，我来告诉你，我只有18岁零几个月。"学生不解。

"至于这零几个月是多少，请你自己去衡量吧，也许是几个月，也许是几十个月，或者更多，但是，我的心情只有18岁！我永远像18岁一样，对任何事情都充满热情。"李女士说。

正因为李女士永远都葆有18岁的心情，笑对人生，所以她容颜不老，气质优雅。李女士的气质是一种充满活力的底蕴，一种对生活理解的态度和方式。在拥有外表美的同时，追求内部的潜在美感，才是一个会营造良好气质的女人，是健美的体魄和豁达的心境相结合的完美女人。

许多女人容貌并不出众，但在她们的身上却洋溢着夺人的气质美：认真，执着，聪慧，敏锐。这是真正的气质美，是和谐统一的内在美。

作家老舍就是一位很看重气质的人。在其中篇小说《新时代的旧悲剧》里，老舍在刻写陈廉伯的相好小凤时这样写道："她不健康，不妖艳，但是可爱。她的身上有点什么天然带来的韵味，像春雾，像秋水，淡淡地笼罩着全身，没有什么特别的美点，而处处轻巧自然，一举一动都是温柔秀气；衣服在她身上像遮月的薄云，明洁飘洒。"

对一个女人来说，气质无疑比她的容貌更重要，内在美也比她的外在美更持久、更迷人。如果一个女人的内心苍白、庸俗，你就不会感觉到她的美；反之，如果她有美好的精神品质，你会觉得她越来越美，越来越喜欢和她接触。这是因为她的气质会让你感觉她是活生生的、有灵性的，你就会觉得她很美。

总之，追求美而不误解美、亵渎美，这就要求我们每一个热爱美、追求美的人，都要从生活中领悟美的真谛，把美的外貌和美的气质、美的德行与美的语言结合起来，才能展现出女人的气质之美。

女王或女仆，信命不如信气质

你想成为一位女王还是女仆？大多女人会选择女王，的确，谁想成为一个女仆呢？那么，在做女王之前，先培养自己的气质吧！这和家庭贫富无关，和周围环境无关，只和"真心想做女王"的信念有关！

有的女人只要站在那里，就流露出一种超乎于常人的气质，令人忍不住多看几眼；有的女人即便是"穿上龙袍也显得滑稽"，让人视而不见或感到可笑。也许，你会认为自己成为什么样的女人是命中注定的，但是在这里，我们要说：信命不如信气质！

可以说，每个女人的气质都是有颜色的，不同的气质呈现出不同的颜色。有些女人的气质颜色是艳丽的红色，她们像火一样热情和热烈，总会感染到身边的人，这样的女人就如高贵的、强势的女王；有些女人的气质颜色是一种消极的、沉闷的灰色或暗色调，她们的脸上永远都看不到热情、积极、乐观，总会给身边的人一种死气沉沉的感觉，并会让人避而远之。的确，这种总是唯唯诺诺、沮丧、诅咒命运不公的女人，哪里谈得上气质呢？就算是想要和气质沾边，那也是一种平庸弱势的女仆气质。

为什么有的女人像女王，有的女人却像女仆呢？答案就在气质上。每个人都有气质，都有一张"无声胜有声"的精神名片。这一张名片，向世界介绍了作为女王或者女仆的你。当别人接到这张名片后，就会根据对你的喜爱程度来决定：要不要喜欢你、接受你、甚至追捧你。拥有热烈的气质女人，总是会招来男性的喜爱和女性的欣赏。相反，那些灰暗的、唉声叹气的女人，只会让人唯恐避之不及。

在生活中，相信我们都见过类似或经历过这样的事情：不喜欢和那些没主见的、懦弱的、悲观的女人一起工作或者生活，因为这种女人总是完全依靠别人，不具有自己的独立意见，也不能独立解决问题。除此之外，她们还没有什么想法，无论对于人还是事。这种状况，很是令人头疼；你十分怕见到自己的某个亲戚或朋友，就连电话也不想接到。如果是不小心接到了，就会萌生"怎么这么倒霉"的想法。为什么会这样呢？因为这位朋友或亲人逢人就诉苦，好像她的世界里永远没有阳光一样。如果说有什么好消息的话，那可能就是她最近没什么"坏消息"可以告诉大家；有的女人不把自己当成一回事，为了换取和博得男人的垂怜，放弃自我、放低身份，甚至没有自尊地活着。看到这样的女人，周围的人都忍不住感叹一声："做女人怎么能做成这样！"

这些具有消极或阴暗面气质的女仆，把日子过成这样，实在是一件累人累己的事情。消极的情绪会让魅力气质暗淡无光，也会让原本接近自己的人远离。虽然到处诉苦的亲戚或朋友只是希望得到大家的同情和关心，引起他人的注意。但是，每个人都有自己生活上的难题，谁也没有那么充沛的精力和时间去"分享"别人的苦痛。

社会心理学家经过实验表明：其实，人与人的交往比我们想象的具有功利性，人们总愿意跟一些能够为自己带来益处的人在一起。如果别人在与自己待在一起的时候，双方的情绪都很高涨，那么这就是魅力。魅力，就是对他人的吸引力，就是让所有人都喜欢和你在一起，都愿意受你影响，甚至听命于你的气质魅力，从而受到影响。

有的人说，美丽的女人都是有气质的。其实不然，美丽是父母给予的外貌，而气质却需要经过后天培养才能形成。在生活或工作中，总有一些长相普通但却因为具有独特的气质的女人，在纷纷攘攘的人群中卓然挺立。

著名节目主持人杨澜曾经说过，从来没有人夸过她长得漂亮，她也自认为长相一般。不过，她从来没有因为自己的普通而难过，而是觉得长相一般的女孩更容易在其他方面获得成功。她认为：不管自己如何打扮都不可能光芒四射。既然这样的话，那就只好多看几本书，多做些别的事了。

杨澜还说："我想'漂亮'一般光是指外貌，女性美在于一种母性，不管她是不是做妈妈。另外，我觉得女人的美丽更主要的是在思想方面。我曾经问过许多大导演：'你们整天生活在美女堆里，是不是老要动感情？'他们就说：'没有，许多女人只有漂亮的脸蛋，根本没法触动我们。'"

从杨澜的这些话中，我们可以知道：一个女人的思想很重要，甚至重要过外貌。换句话说，那就是思想上的气质，由内而外散发出来。有些女人总以为搽脂抹粉就可以留住男人的心，其实这只是一种妄想。只有在思想上不断挑战对方，给予对方一种新鲜感和刺激感，这才是赢得别人注意的地方。

拥有"花容月貌"，只会让女人美一时，而拥有气质才可以让女人美一生。女人飘逸脱俗的气质之美，在很大程度上决定了女人一生的幸福。从这个意义上说，气质可以说是女人获得幸福的最大资本。

如果在社交场合中用心观察的话，你就会发现：只要是品位出众、举止有修养、有水准的女人，都会让人有一种耳目一新的感觉。

相信大多数人都会比较喜欢与那些独立的、乐观的、快乐的人在一起玩乐，在一起交流，在一起谈天说地。在她们的身上，我们可以看到一种不一样的气质，甚至能够影响到自己。相反，没有一个人会喜欢与那些成天愁眉苦脸的、消极的人在一起，因为没有一个人会喜欢让别人来破坏自己的好情绪。

总而言之，我们要记住：做女王还是做女仆，不是由命运来决定的，而是由自己的气质来决定的。要想成为女王，那就要拥有火红热烈的气质、生活态度和性格。

我的成长目标就是十年后的自己

　　人生是一个旅程，目标就像是一个又一个的高峰。当我们攀登了一个又一个高峰的时候，才能站得更高，看得够远。不过，设定目标可不能盲目，不然从一个高峰走向另一个与其一样高的高峰，那就白费力气了！现在，我们不如设定一个十年目标，设想一下十年后的自己是什么样子的。

　　美丽浑然天成，而气质却要经过一定的后天培养才能形成。许多普通的女人却因为独具特色的气质，总能让她们卓然挺立在熙熙攘攘的人群中。气质是女人一件永恒的化妆品！

　　人无远虑必有近忧，聪明的女人往往都懂得为自己制订长远的计划，一年后、三年后、五年后要过什么样的生活，她们都一一去准备。例如一年后，要为自己租一套更大的房子，远离"蜗居"的生活；三年后存足够钱给自己一场浪漫的欧洲之旅……那些女人会先定一个可以通过努力就能达到的目标，一旦尝到成功的滋味，便会沉浸在这种努力实现目标的状态之中继续前进。

　　藏獒生长在西藏，青藏高原的冬季寒冷而又漫长，它们在野外觅食的时候，从不会将得到的食物全部吃光，哪怕是那些非常容易捕捉到的猎物，也会留下一部分，为下次的食物做准备。因为藏獒知道自己的目标是要活过整个漫长的冬季，而不仅仅是这一顿饱饭。所以，藏獒每次出去寻觅猎物的时候，无论是否找到食物，回到巢穴后，总会有很丰富的食物等着它。藏獒的这种方式总能帮助它们度过漫长的冬季。

女人也一样，也许你现在已经很不错，有着所有成功需要的因素，但是，如果没有定下长远的目标，未来也不一定会有好的前途。有计划、有梦想的女人，会在自己的脑海仔细勾勒自己的梦想。如果你能够清晰地勾勒出自己十年后的模样，那么你才可能在十年后真的实现梦想。那么，十年后，你想成为什么样的人，就必须以此为目标，一步一步努力去靠近自己的梦想。

有这样一篇文章——《十年以后你会怎样》，文中写道：

有一个女孩在 18 岁之前，不知道自己想要成为什么样的人，在艺校里每天都跟着同学们唱唱歌、跳跳舞，偶尔会有导演来找她拍戏，无论角色多么小，她都会很开心地去拍。直到有一天，她的专业课老师赵老师突然找她谈话，问她："跟我说说，你未来想做什么？"女孩一下子就愣住了。她不明白为什么老师突然会问这么严肃的问题，不知该如何回答。

赵老师接着问她："你对现在的生活还满意吗？"她思考良久，然后摇摇头。老师笑了，"不满意说明你还有救。那么现在，开始想想，你希望十年后的你会怎样？"

赵老师的话很少、很轻，但是在她的心里犹如铅般重。沉默许久后，她说："十年以后，我希望自己能够成为最好的女演员，同时可以发行一张属于自己的音乐专辑。"

赵老师接着问她："你确定了吗？"她咬紧嘴唇，语速缓慢而沉稳地说出："是。""很好，既然你确定了目标，那么我们就把这个目标倒着来看。十年后的你是28岁，那时的你已经是一个红透半边天的大明星，同时出了一张属于自己的专辑。那么在你27岁的时候，除了要接拍名导演的戏以外，你必须要有一些完整的音乐作品，这样才能拿给唱片公司听，对不对？""当你25岁的时候，必须在你的演艺事业上，不断地进行学习和思考。另外，你还要开始录制不错的音乐作品。再往前的23岁，你必须接受不断的培训和训练，包括音乐上和肢体上的。而20岁的时候，要开始学习作曲、作词，在演戏方面要尝试接拍大一点儿的角色……"

赵老师的话犹如重锤一般狠狠敲击在她的心上。这样推下去，她必须马上着手为自己的梦想做准备。问题是她现在什么都不会，也没有任何计划，仍然在小丫鬟、小舞女之类的角色中转来转去。她觉得一种强大的压力忽然向自己袭来。赵老师欣慰地看着她说："你知道吗？你非常有天分，但是，你缺少对人生的长远规划。如果你确定了目标，那么我希望你从现在就开始为将来着手准备。"

赵老师的一席话，让她整个人都觉醒了。从那天起，她始终在心里提醒自己，十年后的自己要成为成功的明星。所以，毕业后的她开始很认真地筛选角色。渐渐地，靠着天分与努力，她被大家所接受，慢慢地尝到了成功的欢乐。

人的一生需要不时地给自己树立目标，规划好自己的人生。成功不是等来的，如果不想荒废自己的青春，女孩们就需要适时地问问自己：十年后，你想变成什么人？然后，按照自己制订的目标，通过自己的努力，一步一步地靠近自己的目标，每天早上只要一睁开眼睛，就会发现又是精彩的一天。

女人，一旦你着眼于十年后的自己，就能练就一颗"不以物喜，不以己悲"的平常心。王安石有言，"不畏浮云遮望眼，只缘身在最高层"。纵观女人的一生，常常经历许许多多的成功与失败。有的女人会因为一时的成功而沾沾自喜，故步自封，停滞不前；而有的女人会因为一时的失败而心灰意冷，从此一蹶不振。大部分原因都是因为她们没有给自己树立长远的目标，才会陷入眼前小小的成功与失败中。女人必须要为自己树立目标，这样才能超越成败得失，保持平常心态。聪明的女人以一颗平常心面对人生的大起大落，她们能够以泰然的胸襟面对生活给予的一切。

树立长远的目标可以让女人拥有更明智的选择。每个人的一生都会面临各种各样的选择，而选择则能决定我们一生的道路，直至终点。每种选择都会有优缺点，其中一些选择总是看起来很诱人，这就成为大多数女人的选择。仿佛看上去会给人带来更大的利益，但是这只能迷惑一些目光短浅的女人。而那些真正着眼于十年后自己的女人才知道，对她们来说什么才是最明智的选择。

有一部分男性觉得女人长得漂亮才具有魅力，但更多的男性则认为，女性的魅力包含了女性内在的气质。当今社会才女在公共领域中的优势越发突出，那种传统的以貌取人的花瓶时代渐渐离我们远去。社会不再对女性作单一的外貌评价，而更加注重的是对她们综合素质的考查。容貌的美犹如镜花水月，只能给众人留下表面的短暂美感，而内在的气质美犹如甘醇的美酒，在众人心灵上留下的却是无穷无尽的回味。

脱俗的气质才可以深刻地撼动人心，这往往来自于生活中千锤百炼的实践，不知要经过多少次尝试、多少回思考、多少次百折不回的历练，才能焕发出鲜活的气息。任谁也无法阻挡岁月留下的痕迹，青春与美貌不会永远存在，只有那些丰富的文化内涵和阅历所赋予她的气质，才能让她拥有无与伦比的持久魅力，这会随着时间的累积而与日俱增。青春的美貌漂亮一时，潇洒的气质则美丽一世。

性感是一种气质

当女人外貌的鲜艳随着年岁而逐渐淡去时，还能用什么来留住她心爱的人？成功的女人告诉我们她的秘诀——来自举手投足间的性感和女人味。女人更应该懂得感受和珍爱自我给予的馈赠，爱自己的心灵、身体……并让它们焕发出恒久的光彩。

男人是注重感官的，喜欢性感的女人。一直以来，性感的女人被喻为一朵欲望之花，能够迷惑男人的眼睛。在任何场合，性感女人都会散发出耀眼的光芒。不同的女人有不同的味道，很多男人认为性感女人是最有女人味的。

说到性感，会使人想起感性这个词。性感和感性就好像一对孪生姐妹，如影随形。一个感性的女人，无论是在凝神静思还是侃侃而谈，她的一举手一投足，都是那么细腻和充满感染力。一个很简单的例子，假如你不是个外表充满野性的女人，那么涵养一份内心的野性，也会让别人觉得你充满刺激乃至有种神秘感。而所谓的内心的野性，可以是爱冒险、爱尝试新事物、好幻想及随时为了实践梦想而豁出去。

性感在不同的女性身上，散发出不同的味道，产生不一样的效果。女人的性感是烙在骨子里的。女人真正的性感并不局限于女人的外表，比如相貌是否妩媚迷人，衣着是否风情撩人。女人性感的本质是一种发自内心的活力，这种活力彰显着女人丰富的内心，令男人情不自禁地遐想连篇。千万不要误认为穿得越少越性感，女人不应该把妩媚和性感当作荣耀，男人的"回头率"也不是她们作为女人的资本。如果某个女人在街上穿得过于暴露，人们免不了对她品头论足，尤其是一些在职场里身居要职的女人更是公众目光的焦点，她们应该清楚，"职场"和性感永远都不可能友好携手，上班时穿得太暴露是一种缺乏教养的表现。总之，女人追求性感千万不要采取媚俗的方式。

据性心理学研究，男人心目中的性感，除了发自女性的性特征和自信心、懂幽默、爱浪漫、刺激及冒险外，神秘也是性感的一种元素。电影史上被称为性感的明星如玛丽莲·梦露、碧姬·芭铎等，哪个没有深不可测的神秘眼神？女人在自己喜欢的男人面前，千万别尽情流露、肆意表现，要给对方留有揣摩与想象的空间。所谓"犹抱琵琶半遮面"，若隐若现、若有若无，留有余韵也是玩神秘感的一种手段，总之，就是不要完全满足对方的好奇心。现代的性感早已超越视觉、身材或是暴露多少的范围，如花灿烂的笑靥、天真或带媚态的眼波、沉溺于思考或想象时忧郁而出神的神态，都是内敛的性感。

现在，越来越多的现代女性都只为自己而不是为讨好男人而性感。正如今天的女性爱好打扮只为"自我感觉良好"，不是为"悦己者"容，而是为"悦己"容。何况，性感本身就是每个女人都有的天赋条件。女性刚醒来时的一对惺忪睡眼、喝酒后的微醉与一脸绯红何尝不性感？故性感无须刻意追求，性感原本就是上帝烙在女人骨子里的性磁力。女人只需自信地彰显自己，你的性感别人自然而然就会感受到了。

培养良好气质的 5 个步骤

哈佛大学的女性气质培训课程指出，女人要修炼良好的气质，就要做到：

1. 懂得修饰自己

懂得爱护自己的女人一定懂得打扮自己。因此，从头发的样式、护肤品的选用、服饰搭配到鞋子的颜色，无一不需要你细心地面对。从头到脚的细致，当然是需要花很多时间和心思的，因此要想做有高贵气质的女人，就必须从做细致的女人开始。可别小看了细致，也许仅仅因为指甲油的颜色不协调就导致你前功尽弃。

毕竟，一个男人对着女人一张细致的脸说话要比对着一张粗糙的脸说话有耐心得多。尽管这样说会使大多数女人不满，但这又确实是不争的事实。所以，女人一定要懂得自我修饰，而且绝对不能偷懒。

2. 会欣赏自己

懂得自我欣赏的女人光彩照人、落落大方，灿烂的笑里有一股高贵的气息，让男人在仰慕的同时又有些敬畏。

但是，女人绝不能自以为是，盲目自我崇拜，那样比自卑的女人更可怕。气质高贵的女人最重要的一条，就是由内而外散发的文化气质。

文化气质的提升不只是单纯地看书、学习，还包括诸如上网浏览、交流、欣赏一部好电影、经常翻阅一些出色的时尚杂志、学学电脑和英文。只有不断加强修养，高贵气质的女人才能在绚丽的生活中游刃有余、潇洒自如，生活也将因此更加丰富多彩。

3. 学会爱自己

女人要学会爱自己，首先要了解自己，在努力使自己完美的同时，要对自己的一些无关痛痒的小毛病有包容的态度。只有了解自己的优势和不足，明确自己的人生目标，才不会整天抱着自己的小毛病郁郁寡欢！但是这并不是说只看见自己的优点，而是说要尽量发扬自己最大的优势，同时忽视那些无关紧要的小缺点。总之，女人要了解自己、包容自己、相信自己，使自己在面对困难和考验时有个坚强理性的态度！

4. 展示女性温柔的性格

女性要展示温柔的气质，要求女性要注意自己的涵养，要忌怒、忌狂，能忍让、体贴人。盛气凌人、傲气十足的女性往往会使男人敬而远之。温柔并非沉默，更不是逆来顺受、毫无主见。温柔表现在通情达理、富有同情心、吃苦耐劳、善良、温馨细致、性格柔和等女性风格之中，是女性特殊的处世魅力。温柔的女人像绵绵细雨，润物细无声，给人以一种温馨柔美的感觉，令人心荡神驰、回味无穷。

5. 展示最真实的自我

几乎所有的女人都渴望自己在性格和外表方面对别人具有更大的吸引力。在现实生活中，真实的你是最能打动人的，因为这样的你有血有肉，有喜怒哀乐。真正有修养的人，气质是从骨子里透出来的，绝不是矫揉造作。所以女性一定要学会接受自己的外貌；对别人热情和关心；仪态端庄，充满自信；保持幽默感；不要惧怕显露真实的情绪；有困难时，真诚地向朋友求助。

克制猜疑，收获爱与信任

某女原本很幸福，她的丈夫很爱她，并且对她百依百顺，可她却总怀疑自己的幸福会在某一天被别的女人偷去，所以整天提心吊胆，几乎品味不出幸福的滋味来。

于是，她对丈夫有了防范之心：见到丈夫外套上有根长头发，就大吵大闹，非说他与别的女人一起出去过。在丈夫身上找不到长头发，她还会大吵大闹，说他又围着秃头女人转。

某天，接到丈夫要"加班"的电话，她的脑子"倏"地一下就大了。加班？这在男人的字典上不就是外遇的代名词吗！她决定采取行动自救——去给加班的丈夫送"温暖"。

晚上 10 点多，她来到丈夫单位楼下。见整幢办公楼灯火通明，她愣了一下，然后决定先给丈夫打个电话。"电话关机！鬼才会相信没事。"她愤愤地奔上楼去。

结果不言自明。如此猜疑，一次，男人会觉得她很爱自己；两次，男人会认为她离不开自己；三次，男人虽然很烦，也会一笑了之；四次，五次……人的忍耐是有限度的，到忍无可忍之时，势必不会再忍，只好拂袖而去。

此女的行径在女人堆里是很常见的，因为女人天生情感细腻，容易神经过敏、容易多心，爱猜疑。

猜疑是女人特有的人性弱点。好事为什么总落在对桌的同事头上？她跟领导一定有什么猫腻；领导看我的眼神怎么总有点不对劲？一定对我有什么想法；那家伙最近怎么不太热情了？肯定怀疑我做了什么对不起她的事；那家人是不是在指桑骂槐？骂自己儿子怎么能用那样的话；男友对我是真心的吗？怎么那么不舍得为我花钱；他说"只爱我一个"是真的吗？他之前的女友不定有多少呢，5个，8个，说不定更多；这男人值得托付终身吗？我跟他能白头偕老吗？老公的同事说我"贤妻良母""特有气质"，不是在讽刺我，说我不漂亮吧……从工作到生活，从恋爱到婚姻，猜疑女人的一颗心就没踏实过。尤其是结婚后，那颗心更是在半空悬着，无时无刻不在担心丈夫有外遇。

女人生就一颗玲珑心，但为什么有些事就想不明白，非要给自己套上无形的精神枷锁，让自己痛苦地挣扎在猜疑中不能自拔呢？

因为猜疑的女人从来不觉得自己的猜疑是错的。女人猜疑的依据在外人看来是不可思议的，但在她们内心却认为是不容置疑的。当猜疑的念头控制她的时候，任何理性的解释都是苍白无力的。在她眼里，假想的东西就是现实真理，她甚至能罗织出无数的证据支持自己的判断，就如"疑邻窃斧"者。在确定老公没有背叛自己前，疑心女人观老公之言谈举止、神色仪态无一不是有外遇的样子。

当然，女人的猜疑也并不总是空穴来风的。女人天生第六感发达，凭借细枝末节往往就能判断出事情的本质，这也是很让男人苦恼的地方——男人说谎总能被女人拆穿。

这样的先天优势女人当然应该好好利用，这对于经营婚姻、感情、友谊甚至事业都是大有裨益的。但是，如果无端地过分猜疑，就是害人害己的毛病了。

尽管很多时候女人的猜疑过程只是求证的过程，但这样的过程却往往会误解别人、被人误解，直至失去别人的信任，将自己置于难堪的境地。有道是"疑心生暗鬼"，猜疑能败家败事。又如培根所说："猜疑之心有如蝙蝠，它总是在黄昏时起飞，这种心理使人精神迷惘，疏远朋友，而且扰乱事务，使之不能顺利。"

如果"天下本无事"，女人就不要凭自己的所谓聪明"庸人自扰之"了，女人因为猜疑而毁掉幸福的事可是举不胜举的。

第二章

女人越独立，
活得越高级

独立，魅力女人的必备要素

独立是魅力女人的必备要素，人格独立才算得上魅力女人。魅力女人在事业上有主见，不受他人摆布；在生活上有自己的圈子，不会因脱离男人而感到孤独。独立是一种很高的境界，它需要高素质的心态和全新的价值观。

女人的独立既包括物质上的独立，也包括精神上的独立。这种独立不是世俗意义上那种"女强人"的不可一世的特立独行，而是拥有自己的生活空间、内心感受和表达方式。

有工作的女人在物质上有独立感，这种感觉能使她们的精神独立有相对坚实的地基。但不少女人在经济上很依赖男人，不少男人也为此自傲，把女人视为自己的私有财产，甚至轻视女人。很多女人会认为，尽管没有社会工作，但持家也是一种职业。如果男人在外面打拼能有工资，那女人持家也应有报酬。

以往男人总把给家庭的生活费视为对女人的报酬，这是不对的。生活费只是一种家庭必需的成本，它没有在经济上体现持家女人的价值。关心和尊重女人不是一句空话，男人应主动量化女人持家的价值，并愉快地付给这笔象征着对女人价值尊重的工资。千万不要小看这个程序，这是女人走向物质独立的关键。女人有这种独立感才会有尊严感，男人在有尊严的女人面前才会被重视。女人如果缺少这种独立感，那么男人对这种女人就不会有长久的好感，迟早都会背叛。所以，女人首先一定要在物质上、经济上保持独立，那样才会有持久的魅力。

相对于物质独立来说，女人的精神独立更为重要，因为男人活在物质中，而女人却活在精神里。女人精神的独立是对自己的肯定。当女人的精神世界被别人支配时，这样的女人就会十分悲哀。女人可以在自己的精神世界里建起一个美好的王国，当她自豪地感觉到自己就是这个王国的女皇时，就会在现实生活中找到自信。女人的精神独立还体现在她的思想是受自己支配的，而不会为别人盲目改变自己。

有个年轻的姑娘爱上了一个她感觉极好的男人，由于感觉太好，她想让其他女朋友分享她的感觉，于是她去征求她们的意见。朋友都认为，这么好的男人一定会有很多女人追，将来很难说他能挡得住诱惑。分析得出的结论是：这种男人没有安全感，不值得交往。于是她和这男人分手了，但又因为分手而长期痛苦。后来听说她认识的一个女人却和他结婚了，她只能独自懊悔。

女人精神的动摇是一种不独立的表现。还有很多女人都像得了"预支恐惧症"一样，一接触男人就想将来可不可靠。越想越不对，明明有很好的感觉，一下就开始产生恐惧了。其实生命的意义就在此时此刻的分分秒秒，如果你对一个人的感觉好，就应该跟他去共同营造更好的感觉。

有些女人总认为恋爱就必定会结婚，假如中途分手就觉得丢人，多几次分手更是坐立不安，怕别人议论，这是一种很不成熟的想法。你分不分手是你个人的事，完全不必紧张别人的反应。所以，女人一定要学会在精神上独立。精神独立的女人才能真正地坚强和自信起来，即使面对变幻无常的社会，也不会丢掉自己的微笑。

说到底，女人独立自主的意识，最终决定了女人的独立。

独立的女人虽然没有小鸟依人的可爱，楚楚动人、惹人怜爱的双眸，但是她风风火火的行事作风、敢作敢为的勇气，同样也有让人眼前一亮的风采。

不做女强人，要做强女人

很多女人都想成为人群里最受欢迎的女人，所以她们一直在努力成为一个女强人。其实，这样的想法是错误的。要想真正成为一个受人欢迎的女人，不一定要成为一个女强人，但是一定要成为一个强女人。

女强人有铁人一般的工作作风，有令男人胆寒的处事手腕，有巾帼不让须眉的胆识和谋略。而强女人则有明确的生活态度，有坚强不屈的精神，有遇到困难不服输的品质。一个受欢迎的女人，不一定非要有傲然的成就，但是一定要有坚强不屈的精神，有面对生活勇敢向前的态度。女强人希望全世界以她为荣，而强女人自强却不争强，她所做的，尽管也可能会取得一番成绩，但是她的努力并不是为了荣耀，而是为了证明自己。

她从小就"与众不同"。因为小儿麻痹症，不要说像其他孩子那样欢快地跳跃、奔跑，她就连平常走路都做不到。寸步难行的她非常悲观和忧郁，当医生说想教她做一点运动，说这可能对她恢复健康有益时，她全然不理会。随着年龄的增长，她的忧郁感和自卑感越来越重。甚至，她拒绝所有人的靠近。但也有个例外，那就是邻居家那个只有一只胳膊的老人却成为她的好伙伴。老人是在一场战争中失去一只胳膊的，老人非常乐观，她非常喜欢听老人讲故事。

这天，她被老人用轮椅推着去了附近的一所幼儿园。操场上孩子们动听的歌声吸引了他们的注意。当一首歌唱完，老人说道："我们为他们鼓掌吧！"她吃惊地看着老人，问道："你只有一只胳膊，怎么鼓掌啊？"老人对她笑了笑，随后解开衬衣扣子，露出胸膛，用手掌拍起了胸膛……

那是初春时分，风中还有几分寒意，但她却突然感觉自己心里涌起一股暖流。老人对她笑了笑，说："只要努力，我一个巴掌一样可以鼓掌，你一样能站起来的！"

那天晚上，她让父亲写了一张纸条，贴到墙上，上面是这样的一行字："一个巴掌也能拍响。"从那之后，她开始配合医生做运动。无论多么艰难和痛苦，她都咬牙坚持着。有一点进步了，她又以更坚定的决心去准备接受更大的痛苦，来求更大的进步。甚至在父母不在时，她自己扔开支架，试着走路。蜕变的痛苦是来自全身的。她坚持着，她相信自己能够像其他孩子一样行走、奔跑。她要行走，她要奔跑……

11岁时，她终于可以扔掉支架行走了，她又向另一个更高的目标努力着，开始锻炼打篮球和参加田径运动。

1960年，罗马奥运会女子100米跑决赛，当她以11秒18的成绩第一个撞线后，掌声雷动，人们都站起来为她喝彩，齐声欢呼着这个美国黑人的名字：威尔玛·鲁道夫。

那一届奥运会上，威尔玛·鲁道夫成为当时世界上跑得最快的女人，她共摘取了3枚金牌，也是第一个黑人奥运女子百米冠军。

从"一个巴掌也能拍响"的老人那里，威尔玛·鲁道夫得到了顽强生活的启示。尽管后来的成功给她的生命增添了许多荣耀，但是这份荣耀的背后，是她对生活的顽强的体现。也许，她的这份荣耀与那些事业有成的女强人相比，还不够耀眼，但是，作为一个认真生活的强女人，威尔玛·鲁道夫将会成为每一个聪明女人的学习楷模。因为她用自己的经历提醒了每一个女人：只有坚强的人，才能克服生活中的一切困难；只有认真生活的人，才能不被生活中的磨难吓倒。

与女强人相比，强女人的光彩是暗淡的。可是女强人不是谁都能做成的，而强女人，却是人人都能够做的。只要女人有一颗足够坚强的心，那么做一个强女人，并不是什么困难的事。

想要什么就大声喊出来

受到文化的影响，中国的女人常常习惯于压抑自己的个性。她们将内心的需要藏得很深，明明对一些事很在意，却总是装出一副无所谓的样子，致使自己错过了很多的机会。可以说，这样的性格不是一朝一夕形成的，但是习惯于以这种方式生存的女人，常常会错过本会属于自己的幸福。所以，女人想要什么就大胆地喊出来，并且努力去实现自己的目标。只有这样，你才能达成自己的心愿，过上自己想要的生活。

罗马纳·巴纽埃洛斯是一位年轻的墨西哥姑娘，16岁就结婚了。在两年当中生了两个儿子，之后丈夫离家出走，罗马纳只好独自支撑起整个家庭。后来，她决心谋求一种令她自己及两个儿子感到体面和自豪的生活。

她用一块普通披巾包起全部财产，跨过里奥兰德河，在得克萨斯州的埃尔帕索安顿下来。她在一家洗衣店工作，一天仅赚一美元，但她从没忘记自己的梦想，她要摆脱贫困过上受人尊敬的生活。于是，口袋里只有7美元的她，带着两个儿子乘公共汽车去洛杉矶寻求更好的发展。

她开始做洗碗的工作，后来找到什么活就做什么。存了400美元后，便和她的姨母共同买下一家拥有一台烙饼机及一台烙小玉米饼机的店。

她与姨母共同制作的玉米饼非常成功，后来还开了几家分店。直到后来，姨母感觉到工作太辛苦了，便把股份卖给了她。

不久，她经营的小玉米饼店发展更加迅速，拥有员工300多人。

在她和两个儿子经济上有了保障之后，这位勇敢的年轻妇女便将精力转移到提高美籍墨西哥同胞的地位上。

"我们需要自己的银行。"她想。后来她便和许多朋友在东洛杉矶创建了"泛美国民银行"。这家银行主要是为美籍墨西哥人所居住的社区服务。如今，银行资产已增到2200多万美元。

起初，抱有消极思想的专家们告诉她："不要做这种事。"他们说："美籍墨西哥人不能创办自己的银行，你们没有资格创办一家银行，同时永远不会成功。"

"我行，而且一定要成功。"她平静地回答。结果她真的梦想成真了。

她与伙伴们在一个小拖车里创办起他们的银行。可是，到社区销售股票时却遇到另外一个麻烦，因为人们对他们毫无信心，她向人们兜售股票时遭到拒绝。

他们问道："你怎么可能办得起银行呢？""我们已经努力了十几年，总是失败，你知道吗？墨西哥人不是银行家呀！"

但是，她始终不愿放弃自己的梦想，始终努力不懈。如今，这家银行取得成功的故事在东洛杉矶已经传为佳话。后来，她的签名出现在无数的美国货币上，她也成为美国第三十四任财政部长。

通过上面这个故事，我们可以看出，在女人成就梦想的路上，总是会遇到很多的困难，也经常会有人提出异议。可是，只要我们勇敢地喊出自己的目标，并且拿出勇气应对一切困难和挫折，那么我们就能摆脱一切困难，实现自己的目标。

当然，社会的发展还没能让我们摆脱"淑女"的枷锁，女人如果像男人一样在社会上打拼，也常常会让身边人不解。但是，周围的一切不过是社会给予女人的"精神监牢"，女人只有勇敢地打破枷锁，想要什么就大声喊出来，勇敢地去追求自己想要的，才能获得自由和快乐。

"曝光"自己，秀出自己才有机会

如今的社会不再是那个"酒香不怕巷子深"的社会，纵然我们是"皇帝的女儿"，要想嫁出去，也免不了要走出深宫，主动推销自己。

在这个世界上，真正比我们聪明的人只有5%，而比我们愚蠢的人，也只有5%，我们大多数人都是普通人。既然这样，我们靠什么理由去说服别人，证明自己有更高的身价，更值得选择呢？这里给你提供几个自我推销的技巧。

1. 确定交往对象

请考虑一下：你在公司里喜欢与哪些人交谈？他们对你有什么期望？你有哪些特点能够对你的"对象"产生影响？请注意观察优秀同事的行为，并学习他们的优点。

2. 善用别人的批评

许多营销部门利用民意调查表，了解消费者对产品好坏的评价。你也应了解别人对你的评价，应该坦诚地接受批评，从中吸取经验教训，应当注意言外之意。例如，如果你的上司说你干活很快，那么在这背后也可能隐藏着对你的批评。

3. 要善于展示自己

要尽量展示自己的优点。例如，你的语调是否庄重？语调与身体姿势、行走、握手和微笑一样可以说明一个人的许多特性。

4. 精心包装自己

超级市场的货架上灰色和棕色的包装会很少，这是因为很少有人喜欢这些颜色的包装。你要不想成为滞销品，也应当检查自己的"包装"——服装、鞋子、发型。要经常改变自己的"包装"，时常给人耳目一新的感觉。

5. 说话要明确

说话要言简意赅，不要用"也许"或"我想只好这样"等词句来表达意见。上司一般都喜欢下属能有一个明确的态度，不论对人还是对事。

6. 占领"市场"，建立关系网

你在公司里的知名度怎么样？要使自己引起别人的注意，可以在夏天组织一次舞会或与同事们一道远足。要与以前的上司保持联系，建立一张属于自己的关系网。

7. 适当地表露自己的成绩

不要怕难为情，大胆地说出你自己已经取得的成就。没有必要总是谦虚。有些女性不喜欢显露锋芒，因此你得学会表扬你自己，尤其在上司面前显示自己的成绩。但要注意的是，不要将之天天挂在嘴边，那样会使人厌烦；找准时机，让别人注意就可。

8. 不要害怕危机

如果你负责的项目遭到失败，既不要惊慌失措，也不要转而采取守势，而应勇敢地承担责任，积极寻找解决问题的办法。在紧张状态下头脑清醒、思路敏捷的人会得到上司的器重。总之，女人要想提高自己的身价，就需要适时适地地"炒作"自己、推销自己。

演好自己的双重角色

女人走入社会之后，会有双重角色：职业角色与家庭角色。这两种角色有时相互限制，只顾一方必然就忽略了另一方，这样就可能产生角色冲突。如果不及时加以调整，就会引发矛盾。

有所成就的职业女性容易重视事业而忽视家庭，忘记了自己是女人。但如果能调整好自己的角色，在演好职业角色的同时也演好家庭角色，这个问题就解决了。

若女性以为有了事业就有了一切，那就大错特错了，最终她会发现，这不过是女人一厢情愿而已。一个职业女性不管她介入社会的程度如何，哪怕她当上了厂长、经理，当上了县长、市长乃至部长、省长，在家庭里她仍不能放弃她的传统责任，出嫁前为人女，出嫁后为人妻，生育后为人母。英国的撒切尔夫人，连续3届出任英国首相，经过12年的精心治理，国家各方面都有所改观，人称"铁娘子"。她可谓超级"女强人"，但她并没有因为事业而忘了自己是个女人，时常会忙里偷闲，在家里为家人做上一顿丰盛的饭菜，尽显好女人的风采。

倘若女性想把事业作为自己追求的唯一目标，舍弃家庭而不顾，这样做，也许她的事业成功了，但她却失去了爱情与婚姻的快乐。苏联电影《莫斯科不相信眼泪》中的女主角，作为局长，她完全够格，每天严肃认真，板着一副"冷冰冰的面孔"，穿着不男不女的"死气沉沉"的衣服，她走到哪里，哪里便鸦雀无声，她像灭火器一样，把人性的多彩都浇灭了，结果落得孤家寡人，若不是后来的改变，她可真要成为嫁不出去的老姑娘了。

再成功的职业女性，也是要认清自己的"双料"身份的，白领丽人也好，女经理、女企业家也好，都只是社会角色，是止于家庭外的。如果将这种身份带回家，就会伤及另一方。

生命是短暂的，只有对事业和家庭同样重视的女人，才有可能走向事业和家庭兼顾的成功之境。

忙碌着的李林，在自己的工作日程表上永远都有一个特殊的日子，那就是家庭日。即使工作再忙，每个星期天也都是她雷打不动的"家庭日"。如今的她拥有一连串的头衔，但绝非是人们一贯想象的女强人形象。她既是业绩显赫的总经理，又是优秀的家庭主妇。她说事业有成需要家庭来支持。她这么说也这么做了，多年来她都是很快乐地游刃于高效工作与幸福生活之间。

女人，没有理由说为了家庭而放弃自己的事业，也没有理由说需要为了事业而放弃家庭，两者能统一是最好的选择。家是一个充满柔情的温馨花园，女人便是其中最辛勤的园丁。孝敬老人、关爱丈夫、教育子女是每个家庭主妇应尽的责任。事业是女人保持真本色的最好途径。家庭固然十分重要，但它绝对不是我们生活的全部。因为这是一个竞争的社会，没有竞争力就没有生存的空间，完全依附于男人的女人不仅经济不能独立，而且会迷失自我，最终只能碌碌无为、平平庸庸地过一辈子。

女人要学会演好自己的双重角色，要相信成功就在点滴中。不需要豪言壮语，也不需要惊天壮举，只要我们用真情和汗水，努力地经营好家庭，努力地工作，就一定能够成为一个家庭和事业双赢的幸福女人。

"狠女"才能自我主宰

有人说，女孩应对自己狠一点，因为"狠女孩"有选择的勇气，因为"狠女孩"知道在得失中做出选择。她们敢爱敢恨、敢作敢为，即使所作出的选择会让她们承担更多的痛苦，但是只要那是实现自己的目标所必定会经历的，她们就会毫不犹豫，狠下心去做，直到达成自己的目的。

有一个毕业于名校的大学生，毕业时被分配到一个让人们眼红的政府机关，干着一份惬意的工作。

好景不长，她开始陷入苦闷，原来她的工作虽轻松，但工作内容与她所学专业却毫无关系。她可是经济专业的高才生啊，在机关里并无"用武之地"。

她想辞职外出闯天下，却又留恋眼下这一份舒适的工作。外面的世界虽然很精彩，风险却也会很大。无奈之下，她就将自己的困惑告诉了她最敬重的一位长者。长者听完她的诉说后笑了一笑，给她讲了一个故事：

一个农民在山里打柴时，拾到一只样貌奇怪的鸟。那只怪鸟和出生刚满月的小鸡一样大小，还不会飞，农民就把这只怪鸟带回家给小女儿玩耍。

调皮的小女儿玩够了，便将怪鸟放在小鸡群里充当小鸡，让母鸡养育着。

怪鸟长大后，人们发现它竟是一只鹰，他们很担心鹰再长大一些会吃鸡。然而，那只鹰和鸡相处得很和睦，只是当鹰出于本能飞上天空再向地面俯冲时，鸡群会产生恐慌和骚乱。渐渐地，人们越来越不满，如果哪家丢了鸡，便会首先怀疑那只鹰——要知道鹰终归是鹰，生来是要吃鸡的。大家一致强烈要求：要么杀了那只鹰，要么将它放生，让它永远也别回来。因为和鹰有了感情，这一家人决定将鹰放生。

谁知，他们把鹰带到很远的地方放生，过不了几天它又飞回来了；他们驱赶它不让它进家门，甚至将它打得遍体鳞伤……都无法把它赶走。

后来村里的一位老人说："把鹰交给我吧，我会让它永远不再回来。"老人将鹰带到附近一个最陡峭的悬崖绝壁旁，然后将鹰狠狠向悬崖下的深涧扔去。那只鹰开始如石头般向下坠去，然而快要到涧底时它突然展开双翅托住了身体，开始缓缓滑翔，最后轻轻拍了拍翅膀，就飞向了蔚蓝的天空。它越飞越舒展，越飞越高，越飞越远，渐渐变成了一个小黑点，飞出了人们的视野，从此再也没有回来。

听了长者的故事，年轻的女孩似有所悟。几天后，她辞去了公职，外出打拼，终有所成。面对安逸的工作环境，没有多余的留恋，坚定地选择自己的道路，这就是"狠女孩"的作为。

在生活中，女孩常常是软弱的，尤其是在面临选择的时候。如果已经拥有了很好的条件，那么很多女孩都是不愿意舍弃的。所以，女孩常常为现时的条件所束缚，而不能主控自己，选择自己最喜欢的事情去做。但是，"狠女孩"跟这些女孩是不一样的，她们有自己的主见，并且不会被眼前的利益所迷惑，尽管所选择的道路可能充满了荆棘，她们也会毅然决然地走下去。

总之，"狠女孩"更易主宰自己的命运，聪明的女孩，都应该勇敢地做一个"狠女孩"。

事业上独立，那种感觉男人给不了

很多男人会对女人说："以后不要工作了，我养你"，"我不希望你在外面受人欺负，在家做全职太太就行了"，"你就算是什么都不做，我也会一直爱你"。这些话是不是真的？一部分是，一部分不是。女人不能把自己的命运寄托于运气，一份独立的事业会给你男人给不了的东西。

所谓事业，有大有小，自己经营一家公司也是事业，做一名普通白领也是事业，关键是你要有一份工作，有一个开始。上班的女人和不上班的女人有什么不同？可能短期内看不出来，但时间一长，三年五年就非常明显了。

有事业的女人会有源源不断的自信。自信心这种东西不会凭空产生，但却一直都在慢慢消耗，你可以因为貌美自信，因为一双高跟鞋自信，因为烧得一手好菜自信，但等你年老色衰，等你的高跟鞋变旧过时，等你周围的人对你的厨艺习以为常，自信就会消失不见，而事业带给你的自信，则会源源不断。即便是在当今社会里，想要取得同样的业绩，女性还是要比男性付出更多努力。所以说，事业上的成功带给女性的那种自信会格外充足。此外，事业上的业绩会得到更大范围的认可，不局限于两人之间、家庭内部。自信这种东西非常奇妙，女人有了它气质完全不同，女王范儿一下子就出来了。没有自信的话，时时、事事唯唯诺诺，说话都挺不直腰杆。

有事业的女人眼界更开阔，天地更广阔。在任何时代，做事业都不是一件简单的事情，尤其是当前社会，尤其对于女人而言。要想把事业做好，你要关注各方的信息，关注社会动态，关注人心，还要不停地跟各种人、各种机构打交道。困难一直都存在，但也正是因为这样，一个人的眼界才会开阔，想问题才会站得高，这样的女人很难没有气场。相比之下，一个人在家里困顿太久，难免会对这个社会生疏。久而久之，出于人的惰性，会安于现状，不愿做出改变和调整。不考虑其他因素，单考虑人生的丰富程度而言，走出去要比待在一个地方更精彩。

在一个山村里，因为封闭，多数女人的生活轨迹都是相似的。她们结婚后便操持家务、抚养子女，工作就是下地干活。可想而知，这样的生活就像是一双有力的大手，把她们从年轻女人的位置上往前使劲推了一把，推到艰难、不堪的生活中。多少女人都会在心里默默埋怨，自己为什么要做女人。这样的女人身上处处体现着生活的困苦，哪有什么气场可言。一个偶然的机会，外出打工回来的人带来了生财的门路，山里的山货、特产，到了外面都能卖个好价钱。短短几年时间，村里的女人和以前有了天壤之别。她们更勤奋、更能干，对钱也更渴望，所以一开始对生意着迷的便是她们。虽然是一门小生意，谈不上多大的事业，但她们变得更勇敢了，有的甚至还到了大城市里找市场；她们更自信了，甭管是哪里来的，她们都主动招呼，大方推荐自己的产品；她们的心变大了，心里憧憬着更广阔的未来。不用说，因为这些，她们在家里的地位更高了。要说是什么改变了她们？是她们从事了一项可以体现自己价值的活动，我们称之为事业。

辜负女人的男人常有，辜负女人的事业不多见。如果你把男人看作是唯一的寄托，那么失去这个男人的时候你会失去所有。

热恋时的甜言蜜语，初婚时的你侬我侬，这都是美好的事物，甚至是永恒的回忆，但生活就是生活，变数永远存在。不要把所有鸡蛋放到一个篮子里，自然也不能把自己所有的喜怒哀乐都放在一个人身上。他可以是你生命里最重要的人，但绝不是你生命的唯一。事业是相信努力和投入的，它会无差别地对待每一个人。

很多女人有所顾虑，觉得自己成了事业上的女强人会影响夫妻感情，会影响到照顾家庭。这是一个很现实的问题，但事业和家庭两者并不冲突。

不可否认，很多男人的大男子主义情结让他们不能接受比自己更优秀的妻子。但注意一点，我们只是提倡女人要有自己的事业、自己的工作，而能取得非凡业绩的女人毕竟少之又少，大多数人只是普通人而已。但就是这很少的一部分人让大家相信，成熟的男人会欣赏自己的女人，而不是因为她强大而离开。

如何在事业和家庭两者间分配精力也是一个大问题。因为全身心投入到事业中，忽略了关照家庭，而导致最后婚姻失败，这样的例子数不胜数。女人一定要明确一点，事业固然重要，但家庭更重要。我们提倡女人有独立的事业的目的，也是为了能有一个更美好的人生，而对于一般人而言，家庭幸福是美好人生的主要组成部分。切不可为了事业牺牲家庭，那是本末倒置的做法，得不偿失。

事业给了女人自信和勇气，解放了她们的思想，增添了她们的气质，让她们魅力四射！事业给她们带来了快乐，最终转化为人生的美好和家庭的幸福。拥有一份独立的事业，这样的女人气场十足。

经济上独立，不需要向谁伸手

越来越多的女人开始懂得独立的重要性，开始努力追求独立的生活，这其中经济上的独立尤为关键。要想思想上独立，要想生活上独立，要想人格上独立，首先要经济上独立。女人只有经济上不依附他人，才可能做到真正的独立。

人在年轻的时候难免会鄙视物质，更相信感情，相信精神的力量。但事情的结局往往会证明，金钱更可靠，从不辜负人。近些年一直有句话流传很广，说"女人干得好不如嫁得好"，事实真是如此吗？人与人之间的感情是会变的，当前的离婚率也一直居高不下，如果抱着找一张长期饭票的想法嫁人，风险着实不小。再者，不要以为夫妻之间就不会拿人手短吃人嘴短，当你伸手向对方要钱的时候，难免会有一种被别人拿住要害的感觉，在家里逐渐丧失话语权。所以说，女人在经济上依附男人是最糟糕的一种情况。不用说成为气场女王，单是想要在对方面前挺直腰杆说话，也要先在经济上独立。

经济独立，快乐才会更真切。别人的钱终归是别人的，都不是白给的，需要你付出东西去交换。没有人会白给你钱花，即便是你最亲密的人，里面也包含着对你的期待。但是自己的钱就不一样了，想怎么花不用看别人的眼光，这种自主的感觉会让一个女人格外自信和洒脱，因为她是自由的。

经济独立的女人更有安全感。别人可以给你钱，同样，别人也可以不给你钱，你的命运掌握在别人手中。不要说那个人是最爱你的人，看看社会上有多少女人被男人抛弃后身无分文又没有经济独立能力的事件，数不胜数。所以说，即便有一天别人靠不住，钱终归是靠得住的。亦舒在作品《喜宝》中有句名言："我要很多很多的爱，如果没有爱，那就要很多很多的钱。"相对于很多人提到钱就想到庸俗和势利而言，这句话显然更正确，但也还不是那么正确，要爱也要钱才对。

经济上独立，在家里才会更有地位。夫妻之间怎样的关系才算健康？一定要平等。如果一个女人靠男人来养，早晚会渐渐失去地位。所谓经济上独立，也不是一定要赚大钱，而是有自己的收入，证明自己不是离开谁就活不下去。当一个女人在经济上不依赖对方，对家庭尽到相同或者更多的责任时，就不会在家庭中失去地位，失去话语权。很多男人都欣赏经济独立、积极上进的女人，这样的女人在他们心目中非常有魅力。

陈燕妮是《美洲文汇周刊》总裁，影响力很大，是个气场十足的女人。她1988年前往美国，后来根据自己的经历出版了《告诉你一个真美国》一书，受到读者追捧，这本书也成为当时最热门的畅销书之一。后来她又有先后出版了《纽约意识》、《美国之后》等书，反响都很好。

陈燕妮是崇尚独立的女人，曾经有记者采访时问她："美国有很多女人选择做全职太太，主要生活都是围绕着家庭转，你有没有想过有一天会去尝试这种简单的生活，不会每天承受那么大的压力？"

陈燕妮的回答很直接，她说："从来没有，因为我不能想象问别人伸手要生活费的那种感觉。"接下来她又做了解释："当初因为换工作，在家闲了几个月，现在回想起来那段时间的生活来，就像噩梦一样。当时整天在家里面闲着，不知道要做什么，精神上面也没有什么依靠，到最后与老公的相处也变得十分谨慎。现在回过头来看，那段生活挺搞笑的。"提到女人在工作中会面临更多的压力，这位女强人说："美国的报刊行业竞争格外激烈，我要和很多美国男人争饭碗，但即便如此，我还是愿意过这种奋斗的生活，而不是在家里面做做家务，等着丈夫下班。"

陈燕妮认为，一个女人只有在经济上独立，才会变得有气质，这种气质不是年轻漂亮就能得到的，并且要比年轻漂亮更加宝贵。我们推崇女人经济独立，但绝不是一味追求财富，而是通过一种最稳妥有效的途径，保证自己的自由、自信、尊严和幸福。

女人要会理财

女人的经济独立，最终还是要落实到钱上面来。有句不无道理的玩笑话是这样说的：钱不是万能的，但没有钱是万万不能的。这还只是对一般人而言，若想成为一个经济独立的气场女王，钱的重要性更是不用多言。

很多女性把投资理财看作是男人的事情，也有的女人虽然心里跃跃欲试，但始终跨不出第一步。女人投资理财能让自己的经济更加独立，让自己将来的生活更加有保障。社会永远在转动，每个人的命运也在变化之中，事业、工作、家庭也是如此，假设有一天你的生活遭遇变故，你如何应对？到那时不用说气场，恐怕尊严都很难保住。这样来看的话，女人不懂理财、不去理财才是一件值得担心的事情。

要把理财当成一种习惯。这一点在西方人的教育中属于常识。投资理财并非富人的专权，没有门槛。理财就像是每天的梳洗打扮一样，是生活中的一个习惯。曾经有一位独居老太太去世之后留下了千万财产，让人惊讶不已。这位老太太并非名门之后，也没有超人的技能，只是一位普通员工，哪里来的这样一大笔钱？后来人们知道，她从拿第一份工资开始，就坚持买可口可乐的股票，每次不会买很多，不影响日常生活，几十年积累下来，竟然积少成多，最终成为千万富翁。

理财越早开始越好。当初张爱玲有句名言，说女人成名要趁早。同样，女人理财也要趁早。前些年有本书畅销美国，名叫《女人要有钱》，作者为茱蒂·瑞斯尼克。她自己经历过离婚、一个人抚养孩子的艰难生活，最终从一个底层的证券业务员做起，慢慢做到了瑞斯尼克投资顾问集团总裁。她在书中回忆了自己学习投资和积累财富的过程，得出一个结论：女人投资理财起步越早，成功的可能性越高。她最后说："女人要有活力，要漂亮，还要找个好男人，但不要忘记，更要尽早学会挣钱，这样才会幸福。"

有句话叫你不理财，财不理你。女人都明白保养身体要趁早，不要忘了理财也要趁早。趁早理财你便能早点成熟，早点打下基础，早点蹚过一些新手不可避免的误区，早日走上正轨。25岁的时候你先顾着疯玩，35岁的时候疲惫于养家，45岁的时候把一切都投资在孩子身上，55岁的时候已经接受现实，65岁的时候开始后悔，这是很多女人一辈子的写照。在人生的每一个阶段，你都能找到理由拒绝理财，但与其说是理由，不如说是借口。如果你想摆脱这平庸的生活，那就从当下开始，打理好你的钱财。

投资理财的方式有很多种，这里简单列举几种适合普通人的项目。

储蓄是必备的。每一种投资方式都带着风险，但存在银行里无疑是最保险的一种。储蓄虽然看上去保守了一点，但能让人心里踏实，不用整天惦记着，吃不好睡不好的。应该拿出积蓄的百分之多少来储蓄，视每个人的情况而定，普通人应该不低于50%。储蓄也有多种选择，如果不急于用钱，可以存成3年或者5年的定期，利息相对较高一点。储蓄的关键在于积累，有的人雷打不动，每个月发了工资之后都会把25%或者三分之一存到银行的定期账户里，积少成多，一年下来就是一笔不小的钱了。

国债是不错的选择。国债是国家作担保的债权，风险小，安全性高，回报率要比银行定期存款高，并且免征利息税，这些优点让国债变得比较抢手，如果有这样的机会，可以尝试一下。

房地产投资回报率高。当前中国房地产市场火爆，经济高速增长，国民生产总值不断增加，更多的人涌进城市，加上中国人特殊的买房热情，基本上能保证在很长一段时间里面，大城市的房子都是供不应求的。但投资房产需要大量的资金，如果你有充足的资金，可以考虑。房子对于女人来讲，还是安全感的根源。女人都渴望能有一个属于自己的空间，不受他人支配，所以说女人如果有这个能力，应该为自己买一套房子。

投资理财是一门学问，一种能力，需要学习和培养。女人们可以在平时的生活中少关注一点八卦新闻，多看点财经节目，少看点绯闻杂志，多翻翻财经杂志、理财书籍，不断为自己积累投资的知识。就这样，当你渐渐积累起了投资知识，也有了一定积蓄之后，就可以为自己选择理财的门路，一步步走进创造财富、自给自足的天地，收获更多的财富、自由、自信和保障，成为一个掌握自己命运、积极向上的气场女王。

婚姻中失去自我，便失去了气场

女人对爱情的追求总有一种飞蛾扑火般的精神，女人也更为感性，这让她们常常在婚姻中迷失自我，失去气场。

很多女人在婚姻中扮演的是一个乞讨者的身份，她们祈求婚姻和爱人能给自己带来稳定的感情，带来幸福的生活。在对待爱人的方式上，她们也是一味讨好和顺从，做他喜欢的饭菜，穿他喜欢的衣服，打扮成他喜欢的样子，甚至不惜对自己下狠手，去美容院挨刀。她们以为这是爱的表现，但不知道自己已经误入歧途。首先，一味取悦并不一定就能换来男人的承诺，甚至可能适得其反。其次，女人在婚姻中失去自我，便失去了气场，将一无所有。

小梅为了讨男朋友的欢心，放弃自己之前的形象，每天换一种打扮，有时候是英伦复古风，有时候日韩潮流风。为了男朋友，她又拼命减肥，本来就不算胖的她很快就瘦骨嶙峋了，还曾经因为营养不良在公交车上晕倒过。她的朋友都劝她不要这么拼命，身体要紧，她却说不努力哪能让喜欢的人喜欢自己呢？她的男朋友果然被她感动，向她求婚，两人组建了家庭。

但是，再好吃的东西时间长了也会觉得腻，对一个人的好也是这样，渐渐就不再被珍惜。刚结婚后的那段时间，老公出差回来小梅都去机场和火车站接他，一次小梅在去机场的路上接到电话，说妈妈摔了一跤，送医院了。小梅赶紧让司机掉头去医院，好在妈妈身体没有大碍，但这么一忙，就把接机的事情给忘记了。等小梅回到家，发现老公正坐在沙发上生闷气，见了她第一句话就是："你去哪了？也不接我，饭也不做？"小梅赶紧解释，说去医院看妈妈了。老公也知道自己有点过分，便直接回房间了，一句道歉和安慰的话也没说。要知道他以前在小梅面前可从来都是有理的，从来都是被照顾的那一位。也有朋友开玩笑说，小梅把老公宠成皇帝了。

小梅赶紧做饭，老公就歪在沙发上看电视，也不伸手帮忙。等小梅把饭菜端到桌子上，他才懒洋洋地过来坐下。很明显他的怨气还没消，开始埋怨小梅的菜做的难吃，不是说这个菜没滋味，就是说那个菜太咸了，小梅无话可说，气得眼泪在眼眶里打转。吃完饭后，老公回卧室里玩电脑游戏去了，小梅一个人收拾厨房，在洗碗的时候终于忍不住，哭了起来。

小梅开始反思自己的生活，自己这几年一直围着老公转，早就忘记了原先那个自己，但老公却早已经把这种伺候当成了应得的，不知道珍惜。现在的小梅进退两难，往前走就是自掘坟墓，往回走已经误入歧途太深。不过她最后还是拿定了一个主意，要一点点地找回自我。

　　婚姻虽然源自感情，但不要忘记了里面"势利"的那一部分，就是交换资源，获得回报。这是古时候大家族之间，甚至国家之间联姻的本质，其实在任何一门婚姻中都存在这个因素，即便是文明如今天的现在。这样来看待婚姻的话，很多女人都是不合格的投资者。投资者最看重的当然就是回报，而很多女人在婚姻中只求付出，不求回报。这种方法用在生意场上肯定会血本无归，用在婚姻中也多半没有什么好下场。

　　女人要把婚姻当成生意来看待，男人是你的合作伙伴，也是你的竞争对手。不要一味地去依附在他身上，这个世界上根本就没有永远不倒的靠山，靠谁也不如靠自己。女人既然决定跟一个人结婚，当然要相信他，但相信不等于幻想。我们相信别人，不等于就放弃了自己，如果是在别人身上抱太多幻想，失去了自我，那可真就是血本无归了。要想成为女王，最终还是要靠自己。

　　婚姻中的女人要敢于对那个没有自我的深渊说不。如果有谁认为你应当如此，或者你必须如此，要坚决离他远远的。曾经有位作家在书中给女儿一个警告："如果婚姻中你感到不快乐，要敢于拒绝。如果觉得迷失了自我，要敢于去承认，并把她找回来。相爱是彼此承认，不是一味顺从。"

第三章

睿智自信，

让灵魂高贵起来

自信的女人芳香四溢

自信可以让女人的脸上总是带着笑意，流露出一种自若的神情；自信可以让女人的举手投足之间，都带着一种孤傲与悠悠婉转的味道；自信的女人，犹如空谷幽兰，自会让人闻到缕缕清香。

自信的女人不一定要有闭月羞花、沉鱼落雁的容貌，但一定在人群中有一种鹤立鸡群的气质；自信的女人不需要有多么大的志向、多少财富，但一定要有尽情享受生命的乐趣和能够清醒保持灵魂的清澈；自信的女人不需要多么强大，但一定要有身处困境时依然不放弃和不气馁的勇气。

有人说：自信是女人最好的装饰品，能够让一个女人变得光彩夺目。如果一个女人没有自信，就算她长得有多美丽，身材有多么凹凸有致，也绝不会令人心动。

自信的女人不害怕失败，她们会用积极的心态来面对生活中的不幸和困难；自信的女人不怕冷嘲热讽，她们会用淡然的微笑来面对别人的伤害；自信的女人会用实际行动维护自己的尊严。

这一切，都淋漓尽致地表现一个自信女人的气质，也表现出一种坦诚、坚定而执着的向上精神。要知道，美貌可使人骄傲一时，但自信却能让人骄傲一生。

自信本身就是一种美丽，但是很多人却因为太在意外表失去了自信，从而失去了很多快乐。

可以说，自信是一种发自内心的美丽，它不需要成本，也不需要花费多大的时间和精力就可以获得，就看你想不想得到它了。

一个自信的女人在为人处世上，会表现得从容、大度，不陷入世俗的漩涡中。如果一个女人拥有自信，那么她就会具备聪明灵慧、善解人意，从而离成功更近一些。

有个年轻女孩，非常希望自己能够做出一番成绩。刚开始的时候，她总是鼓足勇气尝试着去做每一件事情。渐渐地，她对自己失去了信心，并让很多事情都没有成功。为此，她认为自己没有能力，还感到了一丝丝自卑。

后来，在别人的介绍之下，女孩拜访了一位成功的长者，希望从中获得一些成功的启示。

见面之后，她问成功的长者："为什么别人努力总会收到不小的成果，而我努力了却收到如此糟糕的结果呢？"

成功的长者微笑着摇了摇头，反问她："如果现在我送你'芳香'两个字，你会想到什么呢？"

思索了一会儿，女孩回答说："我会想到糕点，虽然我的糕点店在前不久停业了，但是我还是会想到那些芳香四溢的糕点。"

成功的长者点了点头，然后带她去拜访一位动物学家朋友。与那位动物学家朋友会合后，成功的长者问动物学家朋友："如果现在我送你'芳香'两个字，你会想到什么呢？"

动物学家回答："这两个字，会使我想到正在研究的课题——在自然界里，有不少奇怪的动物，会利用身体散发出来的芳香做诱饵，来捕捉食物。"

之后，成功的长者又带女孩去拜访一位画家朋友，并问对方："如果现在我送你'芳香'两个字，你会想到什么呢？"画家回答："这两个字，会使我联想到百花争妍的野外，还有翩翩起舞的少女。芳香，会为我带来一些灵感。"

经过这样的拜访后，女孩仍然不明白长者的用意。在返回的途中，成功的长者又带她去拜访了一位久居海外、刚刚回国的富商。

在谈话中，成功的长者问对方："如果现在我送你'芳香'两个字，你会想到什么呢？"

这位久居海外的富商动情地说："这两个字，会使我联想起故乡的土地。故乡土地的芳香，令我魂牵梦绕。于是，我选择了回家。"

辞别那位富商之后，成功的长者问女孩："你已经见过不少优秀的人物了。现在，你了解到他们对'芳香'的认识与你不同了吧！"

女孩点了点头。

成功的长者继续问道："他们对'芳香'的认识，有相同的吗？"

女孩摇了摇头。

此时，成功的长者笑了，意味深长地对女孩说："在生活中，每个人都有着与众不同的芳香，你也一样呀！你也拥有着自己独特的芳香啊！如果说你现在做得不像别人那么出色，那就说明你只把精力放在了如何去欣赏别人的芳香上，而把自己的芳香给忽略了。"

这时，女孩才深深地点了点头。

由此可见，一个人不能低估自己的能力。无论在什么境况下，都要相信自己有着不可忽视的芳香，这是一种自信！

自信的女人是美丽的，尤其在男人眼里。女人自信，三分漂亮能增至七分；女人不自信，七分漂亮能降至三分。观察一个女人是不是自信，看她的眼睛就能知道。

自信女人的目光不躲闪，是因为她知道做女人应该有矜持的味道。无论是高级白领还是家庭主妇，女人应有的温柔、贤惠、细致、体贴都能在自信的女人身上适时地展示出来。

朱自清先生曾经写过这样的一段话：女人有她温柔的空气，如听箫声，如嗅玫瑰，如水似蜜，如烟似雾，笼罩着我们，她的一举步，一伸腰，一掠发，一转眼，都如蜜在流，如水在荡……女人的味道是半开的花朵，里面流溢着诗与画，还有无声的音乐。自信的女人就是这样坦然处事，目光绝不会躲闪现实。当看到她时，会感受到她的自信和友好。也可以说，自信就是女人的一张名片。

不要常常反悔，轻易推翻已经决定的事

做任何事情都要认准自己的方向，确立一个明确的目标，并坚持完成。如果总是推翻自己的决定，改变自己的目标，最终只能是一事无成。

有很多的因素会影响一个人的人生走向，其中最关键的就是你的选择。当你确立了一个新目标的时候，只有勇敢、执着地朝着这个方向不断地前进，才能把握住自己的明天，把握住自己的人生。相反，越是犹豫不决，越是拖拖拉拉，就只会让你离成功的彼岸越来越远。

大量的事实告诉我们，许多成功人士正是因为坚持自己的抉择，才取得了骄人的成绩；如果他们当初推翻了自己的决定，那么很可能就会与成功失之交臂，甚至丧失了人生中仅有的一次机会。所以，一定不要轻易放弃，要勇于坚持自己的抉择，只有做到这点，你才能具备智者的气质。

其实，这些成功人士在做某个决定的时候也会受到多方面的阻力，这些阻力或来自家庭，或是来自团队成员，但是，他们仍

旧能够坚持自己最初的选择，认定自己的初衷，义无反顾地坚持下去。事实证明，他们的抉择是正确的。

苏姗是法国一位非常著名的女演员，她的童年是在里昂郊外的一个农场里度过的。当时的苏姗就读于农场附近的一个小学校里。她从小就立志，长大后要成为一名著名的演员。有一天，苏姗哭泣着跑回家中，父亲看到后关切地问她为什么哭，她委屈地说："我们班的凯迪总是说我长得很丑，她还嘲笑我，说我跑步和走路的姿势特别难看。"

父亲听完苏姗的话，微笑地看着她，然后对她说："嗨！亲爱的，你知道吗？我的头可以够着咱们家的天花板呢！"苏姗抹了抹脸上的泪水，没明白父亲在说什么，就反问了一句："爸爸，你在说什么？"父亲重复说道："看，我的头能够得着咱家的天花板。"

苏姗抬头望了望天花板，那么高，父亲怎么可能够得着，她吃惊地望着父亲。父亲这时说："孩子，你不相信对吧？那么你也别相信凯迪的话，因为别人说的不一定就是事实。你不要太过在意别人对你的评价，你只要学会能够自己拿主意。只是，一旦你下定决心去做，就一定要坚持下去。"

父亲的话给了她很大的勇气和力量。苏姗在23岁的时候，就已经成为一个小有名气的演员了。

有一次，她准备去参加一个小型聚会，但是她的经纪人却希望她能够把更多的时间花在一些大型活动上，这样才能提高人气指数。但是，已经做好决定的苏姗坚持要参加这个聚会，因为她做出承诺要去参加，既然自己决定了，无论如何都要坚持。

当天聚会时下着淅淅沥沥的小雨。令人意想不到的是，正是因为苏姗在下雨天参加了聚会，她的出现聚集了很多的群众。自那之后，苏姗的名气和人气比以前更旺了。

只要确定你的选择是对的，那么就一定要坚持自己的初衷。有时，我们在电视上看到某个成功人士在发表演讲，经常被这个人身上所散发出来的气质感染，那是因为他们坚持梦想的那股韧劲儿，给我们鼓舞，给我们力量。

其实，不论是对于事业、生活还是爱情，女人都一定要有自己独立的主见和坚持。有主见的女人是可爱的人，可爱存在于人的骨子里。可爱的女人，往往更能获得爱情和幸福。男人喜欢女人的温柔和贤惠，但更喜欢女人有主见。

女人有主见和坚持才能抓取幸福。有主见的女人善于全面正确地认识客观事物，通过自己的思考分析，结合自身的条件，制定符合实际的理想和奋斗目标，并且不断修正理想和目标，使自己的人生之路永远长青。

那么，如何做个有主见的女人，能够不推翻已经决定的事呢？

1. 不随波逐流

一些人终其一生都无法成功，最根本的原因就是喜欢随波逐流，相信别人远远超过了相信自己，总是被别人的想法和意见左右自己的决定。而一个有主见的女人不会盲目地听信别人的言论，一旦碰到挫折就会勇于面对；敢于逆水行舟；不惧怕别人的嘲讽，毅然决然地走自己的路。

2. 学会冷静，恰当地处理事情

我们经常羡慕那些职业女性，魅力十足，她们说一不二、办事利索，总能在聚会或展会上脱颖而出。再看看自己，办事拖拉，遇事紧张、逃避……其实，她们之所以出众，是因为她们懂得冷静，懂得如何处理身边的琐碎事务。

3. 树立自信

女人可以不美丽，但是女人绝对不可以没有自信。一个自信的女人，永远是快乐的、可爱的。当然了，一个自信的女人是永远也离不开书的海洋的，书是我们瞭望这个世界的另一个窗口，我们可以在知识的海洋里遨游，让自己再多一点资本，让自己再多点儿自信。一个自信的女人可以没有上过大学，但是你千万不要拒绝读书，绝不可以让自己变得庸俗。

总而言之，女人们之所以犹豫不决，不能坚持自己一开始的决定，很大一部分原因是因为没有主见、缺乏自信等。如果按照以上几点来锻炼自己，那就不会被他人的思想所干扰，从而轻易推翻已经决定的事了。

勇敢地表达出自己的观点

为什么一些人能够站在巨人的肩膀上俯视芸芸大众，而一些人却只能站在巨人的脚底下叹息与他人的差距？那是因为勇敢者敢于提出自己的见解，总有那么一股不服输的心气，他们始终相信，自己一定有着可以改变全局的魄力。

一名成功人士曾说过："要勇于提出自己的意见，智慧与胆量相比，后者才是最重要的。智慧有时会让人犹犹豫豫地停滞不前，而胆量则会促使你勇敢地迈出第一步。"

生活中总有这样一类人，他们任何事都喜欢"跟风"，不敢提出自己的意见，即便确信自己的观点是正确的，但是仍然没有胆量和"绝大多数"意见相悖。这样的人都有一个共同的特点，那就是缺少果敢力，做事婆婆妈妈、不可靠。而那些敢于力排众议提出自己观点的人，才能体现出自己的价值，才能让人心悦诚服地承认和接受你。这样的人身上有着一种勇者的迷人气质。

歌德说过：只要你有足够的自信和勇敢，别人就会相信你。

艾尔弗雷德经常教导自己的女儿："玛格丽特，绝不要去做或去想那些别人已经做过、想过的事情。你要做你自己想做的事情，并设法说服其他人按照你的方式行事。"父亲的教诲使玛格丽特从小就拥有坚定的自信心，是一位有主见的美丽姑娘。

玛格丽特是在著名的凯蒂文女子中学上的学。在这期间，她已逐渐显露出她的与众不同、不随波逐流的要强性格。当时的她就拥有这样的信念：要想成功，必须要有自己的判断力，始终相信并坚持自己的观点。盲目跟随别人的观点，等于欺骗自己。只有成为一个有主见的人，才能走向成功。

1943 年的玛格丽特以候补的身份进入牛津大学索莫维尔学院学习。上大学之前，玛格丽特从未自己出过远门，她的生活经历仅限于格兰森市。如今自己所拥有的一切，包括做人的原则和远大的理想都是父亲教导她的。

牛津大学历来被称为是孕育政治家的摇篮，许多活跃在英国政界的政治家都是从这里脱颖而出的。玛格丽在牛津大学上学，成为她人生中一个重要的转折点。牛津大学里的政治氛围为她后来的从政生涯奠定了良好的基础。

四年后，玛格丽特毕业，获得了化学学士学位。毕业后的她，并没有选择回家工作，而是立下了以政治为终身职业的志愿。但是，刚毕业的她必须先有谋生手段，于是，她应聘到一家塑料公司工作，尽管她并不喜欢。

那个时候的保守党出了一些有利于年轻人的政策。由于玛格丽特在大学期间曾担任过保守党俱乐部主席，深受保守党的熏陶，所以她瞅准了这个机会，毅然决然地参加了当地的保守党协会。玛格丽特24岁的时候参加了竞选，成为当时最年轻的女竞选人，但是竞选却失败了。随后她转战到一家冰激凌公司做雪糕检验员。第二年，玛格丽特再次竞选国会议员，这一次，还是以失败告终，但却使她确立了将终身致力于政治的职业理想。

为了成为政治家，玛格丽特开始疯狂地攻克法律，三年后通过了律师资格的考试。从那以后，她开始在律师事务所工作。做律师的经历对玛格丽特的社交、政治职业和思想等方面都产生了巨大而深远的影响。在这期间，她与一位名叫丹尼斯·撒切尔的富商结为伉俪。此后，人们便称她为撒切尔夫人。

撒切尔夫人知道，要想实现自己的政治理想，走向国家政治中心，必须要成为国会议员。在她的双胞胎孩子出生一年后，她继续奋斗在竞选的道路上。在经历了多次失败后，34岁的撒切尔夫人终于取得了成功，她成为芬奇莱区保守党下院议员，这成为她作为一名职业政治家的标志。

由此可见，有主见的女人，总是懂得给自己一个空间，坚持自己的主见。她们周身散发着独立的优雅气质，如水般充满柔情。面对剑拔弩张的场面，可以以柔克刚，将激烈紧张的争斗化于无形。

那么，女人该如何培养自己有主见呢？

1. 拒绝低调，敢于表现自己

很多人奉行低调做人，这是他们做事的原则。但是有的时候，过分的低调很有可能会与机会失之交臂。例如，在工作中，如果你一味地低调，那么你将永远是一名普通的小职员。如果能够在适当的时候抓住机会，勇敢地向领导表达你的观点，很可能就会给领导留下深刻的印象，给你带来不错的发展。

2. 拥有自信

自信是气质组成中的基本要求。如果希望别人相信你，首先你要做到相信你自己。气质的培养绝不是一蹴而就的事，只有长期相信自己，建立自信心，才会勇敢地把握住一切对自己有利的机遇。

3. 该出手时就出手

很多女人喜欢在婚姻生活中把男人的决定当作"圣旨"，义无反顾地跟随丈夫的脚步前进。一旦出现错误，女人就开始抱怨男人不够精明，而男人则会埋怨女人不能给他提出一些建设性的建议。久而久之，夫妻之间就容易产生矛盾。虽然男人都喜欢在女人面前展现自己的能力和强势，但有的时候，男人更希望女人能够给自己提出一些建议，能够在他迷失方的时候指明一条可行的道路。这样女人才能成为优秀的"贤内助"，生活才能越过越好。

在这里，我们需要注意的是：有主见并不是说自己说的、做自己想做的，别人说的就不照做。而是对任何事有正确的想法，可能与别人的想法相同，也可能不相同。只有清楚这点了，才能做一个真正有主见的人。

4. 扩大自己的知识面

只有扩大自己的知识面，说的话才有分量，才能得到别人的认可。其次就是树立自己的自信，能勇敢地面对问题，再者就是坚持自己的事情自己解决。

可以先从小事开始，慢慢培养自己的独立意识，相信以后的你会变得充满自信、有主见！

把自己打造成限量产品

作为一个女人，一定要有"把自己打造成限量产品"的信念，只有拥有"七十二变"的能力，才有可能成为最惹人注目的万人迷，从而制造机会，提升自己的才能。

随着时代的快速发展，女人越来越希望逃脱传统的束缚。这都源自于女人"渴望变化"的奇妙心理。说到底，与男人相比，女人更怕一成不变。因为，女人心里明白，"变化"和"魅力"是相互依存的："百变女郎"才会拥有持久魅力。

一位影星曾说过："魅力的女人不是天生的，而是自己变化来的。一个总是一成不变的女人，一定会令人乏味，缺少新鲜的滋味。我们周围总是有那么多的女人，她们仅仅只具备了女人的属性，但却没有女人的滋味。她们常常抱怨那些有眼无珠的男人们没眼光。但是，如果有一天，让她变成男儿身，用男人的眼光去回想自己，一定也会被枯燥无味的自己所吓到！"

变化，才是女人保持青春的一剂良药；变化，还是女人婚姻生活的常青剂。女人变成什么样子往往不是最主要的，关键是：她在变化中是那样的有活力、有思想……

人们常常比喻：漂亮的女人只是一张纸，而有魅力的女人则是一本书。女人如何把自己书写得拥有丰富内涵、让人爱不释手，的确是一门深刻的学问。所以，要做到这些，女人最先要做的是不断地完善自我、内外兼修，我们可以通过以下几个方面来努力。

1. 打造美好外在形象

爱美是女人的天性，历史上许多美丽的故事和传说都是和女人分不开的。例如四大美女貂蝉、西施、王昭君和杨贵妃，她们被誉为有"闭月羞花之貌，沉鱼落雁之容"。女人的美丽外表不仅是自己看着舒服，而且令周围的人也看着赏心悦目。但是，上帝给予每个女人的礼物是不一样的，并非让所有的女人都貌美如花。有的女人或许没有一双动人的眼睛，或许没有那魔鬼般的身材，也没那千娇百媚的妩媚，更没有那可以打动人心的悦耳声音。上帝或许会制造缺憾，却不能阻止我们自己变美丽。我们可以通过自己的努力展示自身那种独特的魅力，做最好的自己。其实，只要一个女人拥有健康的体魄、饱满的精神、适度地保养，匀称的身材，再加上得体的服装，化上优雅的淡妆，她就是充满魅力的。

2. 要善良、宽容

其实女人吸引别人的不仅仅是外在的容貌，还要具有良好的品行和道德修养。她的美表现在拥有一颗善良之心，拥有积极向上的乐观态度，拥有热爱生活的健康心态。她的美不是流星般转瞬即逝，而如陈酒般，历久弥新，越陈越香。这类女人自信而又善良，对人亲切友善，为人谦恭平和，懂得倾听，甘愿无私奉献。她们一个亲切的笑容，一声温柔的问候，都能流露出高雅的气质，无时无刻不散发着迷人的魅力。

3. 要有内在的修养

一个美丽的女人一定要有丰富的内涵，有内涵的女人才能持久美丽。那么内涵从何而来？来自学习，活到老，学到老，这样才不会被时代所淘汰，被社会所忘记。通过多读书、读好书，不断地完善自我，提高自己的综合素质。

拥有广泛兴趣爱好的女人也能提高自己的涵养。她可以弹得一手好琴，或者写一手好字，画一手好画，更能打一手好球。兴趣广了，见识多了，女人的味道自然而然就出来了。

夜深人静的时候，打开自己一直喜欢而没有读完的书，放一曲自己喜欢的音乐，坐在闲淡合适的灯光下，静静地品味或沉思着，这种场景真令人惬意。尤其在想问题当中的一蹙眉，那画面中若有所思的模样、认真的心思，犹如暗香般弥漫开来，令人沉醉其中。这专注的神态，令她看起来分外的迷人。

所以说，每个富有内涵的女人，都是一道独特的风景画，让人流连忘返。

4. 要独立自强

独立就是一切靠自己的双手打拼，不依赖他人；自强就是自我勉励，奋发进取，依靠自己的努力积极向上。在这个充满挑战、激烈竞争的年代，社会要求我们做一个具有独立自强品质的人。一个人，如果没有独立自强的精神，无法独立自主地去克服困难，迎接环境所提出的挑战，那么他就无法适应这个时代的需求，过不了多久就会被社会所淘汰。所以，独立自强是女人生存在这个世界上最基本的尊严。

5. 要懂得珍爱自己

女人天生爱美，那可得好好珍惜属于你的青春年华。在适当的时候进进美容院，保养保养自己，或者进商场，挑选几件漂亮的时装。该打扮时就应该打扮，别把自己整得灰头灰脸。

6. 要懂得善待自己

女人不要只知道付出，在很多时候，得为自己考虑考虑。勤俭持家是好事，可不要只顾家自己都不顾了。操劳的女人是很容易老的。给自己留点余地，让自己活得轻松一些，千万不要把自己变成"保姆"，如果有朝一日发现你的爱人心已不在你的身上，恐怕就已经晚了。

所以，女人一定要善待自己，解放自己，让自己也走出去，把自己打造成限量商品，这样才能收获梦想的成功与幸福。

整体氛围低落时，你要乐观、阳光

快乐需要透过一定的角度才能看到：从这头看是痛苦，换到另一头看何尝不是一种幸福呢？被伤到手时，你的快乐是：还好没有伤到头。看问题角度不一样，心态自然也就不一样。

当今社会，由于受到来自现实的竞争压力，致使人们的生活态度发生了很大的变化。尤其是女人，家庭关系、孩子教育无不让女人们的脸上写满了忧愁，心态变得浮躁不安，也少了女人该有的温柔。

其实，人生难免遇到沮丧，你会选择从沮丧中解脱出来，还是选择继续沮丧，这都看一个人的心态。消极地对待它，你就会更加沮丧，而如果积极阳光地对待它，才能让我们看到快乐的希望。因此，女人如果想要生活得快乐些，那么遇事应该保持积极的心态。

来看这样一个故事：

燕蓉是在一家中日合资企业工作的白领丽人，五官姣好，身材修长，再加上这份好工作，让她在公司里比较有人缘。但是，她自己可不这样认为。她觉得自己的肤色偏黑，一点儿也不好看，为此心里总是耿耿于怀。她谈过好几个男友，但是在相处过程中，她总是遮遮掩掩的，不肯与男友面对面坐着交流，怕别人看久了会觉得她很黑，为此心里非常苦恼。

曾有一个男友送给她一套进口的化妆品，本来是一个友好的举动，可就是因为化妆品里包含一支增白霜，她想也没想就和人家分手。她觉得男友看不起她，觉得她黑，所以才送她增白霜。

为了变白，她终于下定决心走进一家美容院，花费了近万元去买高科技美容产品。最终的效果还不错，几个疗程后，她的肤色真的有了很大的改善。从此，她一扫过去遮遮掩掩的形象，变得开朗自信起来。没过多久，她遇到了自己一直心仪的对象。为此，她还暗暗感谢自己的聪明之举。

新婚之夜，当她的爱人夸她漂亮时，她鼓起勇气，坦诚地说出了自己美丽的秘密。可是，让人意想不到的是，她的爱人听了却说："真是搞不懂你们女人呀，有事没事就喜欢给美容院做点儿贡献，黑又怎么样，这样还显得健康呢！"原来他根本就没把她的肤色当回事儿。她不甘心地追问道："那为什么一开始你不追我，我做美容之后才追我呢？"

她爱人的回答是："之前的你总是冷冰冰的，做事总是畏畏缩缩的，总觉得难以靠近，猜不透你的心思啊。后来，不知道你经历了什么，忽然变得很阳光、开朗。咱们交往之后，我发现你还特别有内涵。所以就向你求婚了。"

生活中，很多女人就像燕蓉一样，明明是很简单的问题，却因为我们想得太多而变得复杂起来。犹如"当局者迷"一样，总是为一些"不是问题的小事"而大伤脑筋，这样太划不来了。

我们只要把问题看开一些，看远一些，积极一些，或许会"柳暗花明又一村"呢！

那么如何保持一颗积极向上的心呢？

1. 懂得赞美他人

一位著名的心理学家曾说过："一个人内心深处最迫切的需要就是渴望别人的赞赏。"当与别人交往的时候，适时地赞美对方，这会让你们之间变得更和谐、更温暖。无论是生活中还是工作中，将批评改为鼓励，用真诚的赞美给人以前进的动力。多一些赞美和鼓励，少一些责怪和埋怨。只有拥有这样一种积极的心态，才能创造出一种和谐的气氛，给我们带来幸福的生活和成功的事业。

2. 做微笑女神

微笑是人类最基本的表情，一种蕴含深意的语言，也是女人最自然的装扮。当你微笑时，仿佛在说："亲爱的朋友，你好！见到你我很高兴，与你相处我感到很惬意。"微笑可以给人以信心，可以消融彼此间的陌生感。这种微笑是发自内心最真诚的心意。正如英国谚语所说："微笑是最好的名片。"如果我们想要建立良好的人际关系，拥有积极的心态，那么我们就要学会做一个"微笑女神"。

3. 不为小事伤神

一个拥有积极心态的人从不把时间浪费在一些小事上，因为小事影响人们在主要目标和重要事项上的注意力。人的注意力是有限的，如果你在一件无足轻重的小事情作出剧烈的反应，相应你已经偏离了一开始的目标。

4. 勇于尝试

遇事一定要觉得你能行，然后去尝试、再尝试，直到最后你完成了，才会发现其实没什么难的。而要做到这样，首先必须把你心中的消极观念去除掉。遇事首先要冷静，不为自己找借口，把"不可能"通过尝试，变成"可能"。

5. 心存感激

生活中，很多人总是对自己的生活充满了抱怨和愤恨，而不是去感激。一个女孩因为她没有鞋子而哭泣，直到她看见了一个没有脚的人。为此女孩感激上苍对她的怜惜。人生在世，我们无法抓住身边所拥有的一切，一旦失去它们的时候，我们会觉得很恐慌、很后悔。其实，只要我们心存感激，感谢上苍没有带走全部的东西，那样我们的人生会觉得美好许多。

学会推销自己

《成功地推销自我》的作者霍伊拉曾经说过：如果你具有优异的才能，而没有把它表现出来的话，这就好像是把货物藏于仓库的商人，顾客不知道你的货品质量，如何叫他掏出钱来购买呢？

现如今，择业、交友、相亲……每次与他人相处，都是一场自我推销。如果一个人能够巧妙地推销自己，那么对方就会很快地了解到这个人的优缺点或特性，从而做出正确的选择。

无论是卖货物还是做人，都应该积极地进行自我推销，展现自己的魅力，才能吸引他人的注意，从而使你成功。

有这样的一个故事：

张女士在公司六年，工资一直没有涨过。为此，张女士的老公一直劝说，换个公司吧。但张女士在公司这么久了，也有些感情了。随着物价上涨，开销的增大，脸皮薄的张女士一直不好意思让老板加薪。

很快，机会来临了。周年晚会上，张女士作为主持人出现，在与老板的互动环节中，张女士被惩罚讲个故事。于是，张女士就抓住了这个机会，玩笑似的说："好，那我就给大家讲个东方朔的故事吧！一天，东方朔对皇帝说：'那些侏儒不过三尺，俸禄是一口袋米，二百四十个铜钱，我东方朔身长九尺有余，俸禄也是一口袋米，二百四十个铜钱，侏儒饱得要死，而我却饿得要死。如果皇上觉得我有用，请在待遇上改变一下；如果不想用我的话，那就可以罢免我，以免让我总是饿着肚子。'皇帝听了之后，哈哈大笑，随后就调整了东方朔的待遇。"

在玩笑中，同事们也没有当回事，就哈哈一笑过去了。但台上的老板却不好意思地笑了。想想也是，有一些老员工跟着公司很多年了，一直没有调整过薪金。回去之后，老板就通知财务，给每个超过工龄 5 年的员工发放年终分红，足足有一万多块。而像张女士等几位老员工，自从加薪后，工作更卖力了。

从这个故事中，我们可以看出张女士的机智。如果是在平时讲这个故事，那老板和同事一定都很尴尬，她选择了一个气氛活跃的地方，当作玩笑地讲了出来。其实，张女士早就该向老板表明自己的意愿，这样就免受了挣扎之苦。可以说，张女士是不懂得推销自己。面对激烈的竞争，不敢推销自己是一个很大的弊端。的确，对于女人来说，她们还是爱面子，甚至有些不好意思的。面对别人的询问或问题，她们总是一贯的"女性特征"——忸忸怩怩、羞羞答答，敢想不敢说。有的女人甚至连想都不敢想。

其实，女人们完全没有必要这样！自我推销是时代发展的需要，也是展现自己能力的好机会。在推销自己时，如果做到实事求是，不卖弄、不夸张，恰如其分，谁又会说你狂妄自大？

成功学家卡耐基曾经说过一句话：不要怕推销自己！只要你认为自己有才华，那就要相信自己可以！的确，卡耐基说得非常有道理。只要你认为自己有才华，那就有资格向社会推销自己了。只有勇于推销自己，才有实现自己的理想和人生价值的机会，才能为社会做出更多的贡献。

同样的道理，即使你是匹千里马，如果你不跑上几圈的话，谁又能知道你是千里马，从而挖掘你呢？

也有些女人感到苦恼：我是很想推销自己，可是不知道如何推销自己。下面，就教女性朋友们几招推销自己的方法：

1. 要确定交往的对象

面对不同的对象，应采取的自我推销方式不同，外表也要随着对象和环境来变化。比如：对方要买的是奢侈品，如果你穿着朴素的话，那么就拉低了奢侈品的价格；如果推销员戴的是高级手表，穿的是名贵鞋子，那么就会留给对方一种好印象，成功地卖出奢侈品；如果顾客想买到物美价廉的东西，那你就不要穿得珠光宝气的，这只会让别人望而却步。

2. 要善于展示自己的优点

在人际交往中，女性一定要善于展示自己的优点。比如：你的语调是不是庄重、胆怯或令人讨厌。能够对他人形成一种印象，语调、语言、身体姿势、微笑等都是不可或缺的。如果表现得落落大方、有礼貌的话，那就会给别人留下一个好印象；如果表现得不好，就很容易给人一种夸夸其谈、浅薄的印象。

3. 推销自己应自然一点

女人们在进行自我推销的时候，要自然流露而不是做作表现。要知道，成功者从来不会夸耀自己的功绩，而是会让其自然地流露出来。比如：在向领导汇报工作的时候，不妨说："我做了××事……但不知做得怎么样，还望您多多指点，您的经验比较丰富。"

表面看来，你是在听取领导的意见，但实际上已经表现了自己，又表现出来了自己的谦虚的美德。如果你以请功的口吻向领导炫耀自己的能力，并说做这件事费了不少功夫、不容易等，那这就损害了自己的形象，也降低了在领导心目中的地位。

4. 占领"市场"

在公司里，女人尽量利用自己的性别优势引起别人的注意，比如：在夏天的时候，可以组织一次出行旅游的机会，漂流、烧烤等，并且要与以前的同事和上司保持联系，建立起一张属于自己的关系网。

5. 不要害怕错误

在工作中出现错误是在所难免的，关键是看你有没有处理危机的能力和挽救错误的能力。当犯下错误的时候，不要惊慌失措，不要逃避，而是应该勇敢地承担责任，寻找解决问题的办法。只有在紧急状态中表现得头脑清醒、思路敏捷的人，才会得到同事和上司的信任和器重。

6. 另辟蹊径，与众不同

大家都知道，款式新颖、造型独特的商品都是市场中的畅销货。同样的道理，做人也是一样。如果一个女人不修边幅、信口开河的话，那就会像货架上花哨或颜色暗沉、没有吸引力的东西，让人远离。如果一个女人有着自己独特的气质、独到的眼光，那就像货架上鹤立鸡群的商品，一下子就会引起他人的注意。

7. 集体面试时，表现更要积极抢眼

当碰到多位主考官与多位应征者共同面试的情况时，更需随时留意自己的一言一行。譬如，当其他应征者发言时，你是否专心聆听？每次主考官提问时，你都最后回答还是抢先回答？凡此种种，可都逃不过主考官们的火眼金睛。

可以说，进行自我推销是一种才华，也是一种艺术，需要我们在实践中不断地摸索和总结。懂得自我推销，善于自我推销是女性朋友们必须掌握的一项生活技能。毫不夸张地说，人生需要推销，推销无处不在。一个懂得自我推销的人，并能够适当地推销自己的人，总会离成功比较近。

培养自身素养，让自己有底蕴

所谓自身涵养和内在的素质，就是衡量女人的一种标准，比如：知书达理、善解人意、贤良淑德，最好还兼备秀外慧中，蕙质兰心。

在不少女人的眼里，都认为"干得好不如嫁得好"。她们希望通过婚姻能够提高自己的生活质量和人生质量；她们希望自己能够衣食无忧，有安全的生活保障。偶尔的时候，还能够在周末

出行或出国旅游等。

也因此，她们在以结婚为目的找男友的时候，会设置一些条条框框，如果对方不能够满足自己的话，就会打上"×"，如果对方能够满足自己的话，就会打上"√"，从而在"√"中筛选自己最满意的那个。在这些人中，钻石王老五就成为众多未婚女性的"抢手货"，竞争十分激烈。

当然了，这些站在塔尖上的优质男毕竟是少数，想嫁优质男的女人却数不清。谁不想捡这样的"大便宜"啊？可问题是，嫁得好不好不是你一厢情愿的事情，当你在找优质男的时候，优质男也在找优质女。

要知道，一个懂生活、会享受高品质生活的男人是不会轻易娶一个女人回家的。他们人生阅历丰富，经过了各种风雨，知道要娶什么样的女人才能幸福。也因此，他们看问题都看得十分透彻，想的大多是实质问题。比如：他们不会因为女人长得漂亮、学历高，有个体面的工作、高收入，背景显赫等，就愿意娶，而是更注重女人的自身涵养和内在素质。不过，知书达理、善解人意并不是那么容易就做到的。它要求的第一要素就是：人要善良，不能自私，要能替对方考虑问题才能达到善解人意。善解人意是一种素质，这种素质不是一天两天就能培养出来的，而贤良淑德更是一种高境界。

现如今，很多女人都缺少这种品质，她们不太推崇淑女，而是追求个性，追求最真实的自己。有些女人是站没站相，坐没坐相，完全没个女人样。说起话来也是脏话连篇，没有一点儿内涵。这样的素质，又怎么能称得上是贤良淑德、善解人意呢？

有的女人反驳说："现在还要什么淑女啊？新社会主张的是彰显个性，柔柔弱弱的女人是没有用处的！"可是，彰显个性就可以嚣张跋扈吗？要个性就要抛弃谦恭吗？

其实，淑女是具有贞静之德的女子。"贞"是一种至高的品质，是一种静若处子的精神。如今，能够"静"下来的姑娘不太多了。

不过，或许是现如今的女性缺少了这些东西，拥有这些东西的女人就成了稀有的、珍贵的，而越是珍贵的就越是优质男们想要追求和拥有的。想要吸引到钻石王老五，那就要好好修炼"内功"，全面提高自身的素质。

（1）要接受自己的面貌。每个人在性格或外貌方面都有着自己独特的气质和优点，没必要去学习别人或刻意模仿别人。只要做真实的自己就好了，有时候，真实也是一种魅力。

（2）对别人信任和关心。热诚与关怀，是最具吸引力的气质之一。对别人关心体谅，就会获得相同的回报，比如，别人也会对你信任和关心。

（3）仪态端庄，充满自信。一个步姿洒脱、意气风发、充满自信的女人，是最有魅力的，也是能够吸引别人的。

（4）保持幽默感。一个有魅力的女人，要懂得具有自己的幽默感。在别人尴尬或难过的时候，巧用幽默来化解，这样一定会受到别人的欢迎。

（5）不要惧怕显露真实情绪。不论自己是难过的、开心的、不高兴的，都不应该刻意隐藏。要知道，一个经常压抑、掩藏情绪、不懂得与他人分享的女人，会被别人视为冷漠无情。相信，没有人会喜欢和一座冰山交往。

（6）有困难时，应该向朋友求助。在遇到问题的时候，就应该向朋友们求助。这样的话，朋友就会感觉到自己的重要性，从而不遗余力地帮助你。

（7）不要斤斤计较。在人际交往中，女人一定要心胸开朗、豁然大度，千万不要斤斤计较、小家子气。如果为了点小事就大动肝火，斤斤计较，那只会让别人、让自己感到难堪下不了台。

（8）不要自视清高。作为一名有魅力的女性，不要自视清高。在人际交往中，不能因为别人与自己脾气不同、身份有异，就显示出不耐烦或瞧不起别人的模样。当然了，也不要因为自己的职务、地位不如人家，长相差，服饰品便宜而过分谦卑，要做到落落大方，不卑不亢。

（9）不要卖弄聪明。每个人都有自尊心，都有令自己引以为骄傲的地方，但在人际交往中，还是要少卖弄自己。卖弄自己是一种缺少教养的表现，当然了，这也要视情况而定。如果别人不懂或没有做到的地方，那就要发挥自己的能力和细心了。而这，也是女性心思细腻的表现。

（10）不要忽视外表。作为一名女性，在社交场合中，一定要注意自己的衣着打扮，比如要端庄整洁，而不是追求什么非主流、个性等。除此之外，一定不要不修边幅。这种形象不会引起大家的好感，还会毁了自己的形象。

（11）善待友情，能够拥有3个或3个以上每月主动联系和交往的亲密朋友，10个或10个以上经常主动联系和交往的好朋友。

（12）具有一项以上较强专业知识或技能，不断提升专业素养，成为社会和周围人士需要的人。

（13）善良并富有爱心和感激之心，善待和理解他人，保持平和的心境，与人相处时以"付出多于收获"为乐。

如果你能够坚持做这些的话，那你一定会成为一个具有魅力的女人。

即便成了"剩女"，也不把自己凑合嫁掉

女人在选择结婚对象上一定要慎重，也要有主见，不要因为一些外界的原因而把自己匆忙嫁掉。要知道，与另外一个人要生活的日子有几十年呢，是很漫长的，可不要把结婚当成是像买菜

和吃饭那样简单，随便凑合！

　　很多女人过了 30 岁之后就会想："随便找个人结婚算了！就算真的没有共同语言，以后也可以慢慢培养的。如果再不把自己嫁出去，真就没有人要了……"

　　就这样，有些女人为了让自己能够成功嫁出去，不惜降低自己的标准。"反正找个人也是为了过日子"——女人们抱着这个念头，找着合适的甚至不合适的。有些人认为只要结婚就好了，是谁并不重要。于是，婚姻变得令人苦不堪言，原来婚真不是能随便结的。

　　小慧之所以会嫁给现在的丈夫，主要原因是自己的年龄大了，父母也在催她。眼看着周围的朋友、同事一个个步入婚姻的殿堂，自己也着急了。

　　刚开始相亲的时候，小慧的标准很高，要求有房、有车、有学历等。但是，由于她的年龄已经算大了，就算是自身条件再好，也会有些人挑三拣四。

　　后来，在父母的介绍下，她就同意嫁给一个普通人家。当时，她想着靠自己的双手来改变婚姻，但日子却不像她想的那样。由于丈夫的文化水平比她低，所以两个人很难找到共同话题，并且小慧很难忍受丈夫的一些坏习惯。

　　为此，两个人经常为一些小事吵得不可开交。时间一长，小慧觉得两个人的生活真的很累，丈夫的不体谅和有错不改让她对以后的生活失去了信心。

有句俗话说得好：男怕入错行，女怕嫁错郎。所以说，女人一定要有自己的标准，即使是已经沦为"剩女"，也不能凑合着把自己嫁出去。不然的话，最后痛苦的只能是你自己。就像小慧那样，拿自己的人生开玩笑可是一件愚蠢的事情。

如果女人在婚后不幸福的话，那么就算是气质再好，也会像商场的尾货一样大打折扣的。因此，在婚姻的问题上，不要盲目地听从别人的意见，而是要有自己的标准，要衡量得失和问题的严重性等。

对于大龄女青年出嫁的问题，琳琳也犯了难："难道我非得凑合才能嫁掉吗？"琳琳今年29岁，从来没有谈过恋爱。在她眼里，一定要男人先爱她，先追她，她才会看自己喜不喜欢。

就算是遇到了适合自己的人或是遇到喜欢的人，她也不敢表白。慢慢地，她就错过了太多幸福。其实，并不是没有人追她，而是被她拒绝了，她认为：反正自己还年轻。

现在，自己的年龄大了，却没有人追求自己了。其实，琳琳目前的工作不错，收入也不错，有车有房，但就是缺一个恋人。琳琳说，自己需要一个很宠爱她的人，把她视为珍宝。

不过，周围的朋友却对她说，这么想就错了！天下哪有那种男人？可是琳琳认为：如果不能找到一个很爱自己的男人，又何必要嫁呢？再者说，她又不需要男人给自己钱花，也不需要男人养，她要的只是男人对自己的宠爱啊！这有那么难吗？

其实，不论女人到了多大年纪，都是喜欢被人哄、被人宠的。对于 29 岁的女人来说，是一个非常尴尬的年龄。一方面，琳琳自己心里也很着急；另一方面，男人不会把这个年纪的女人当成小姑娘了。

不过，对于想要赶紧嫁人的琳琳来说，纠结的并不是男人宠不宠爱自己的问题，而是遇到一个志同道合的人。要知道，已经 29 岁的女人，应该有一个成熟的恋爱观和婚姻观了。可是对于没有恋爱过的琳琳来说，应该想想自己是不是太缺乏这方面的技巧和手段了。

俗话说得好：冰冻三尺非一日之寒。这句话用在爱情里一样适用。与其纠结一些小问题，不如请亲朋好友为自己安排相亲吧！

虽然对今后的婚姻存在幻想不是一件错误的事，但女人们一定要明白：如何来维持一桩美好的婚姻。

在婚姻和爱情里，如果你只是被动的那一个或主动的那一个，爱情就会失去平衡，从而产生矛盾。

不管怎么样，女人都应该有自己的婚姻标准，最低的也要一个可以平静交流、懂得站在对方的角度上思考的。女人们千万不要因为该结婚了，而又没有适合的对象，就盲目地随便找一个，匆忙进入婚姻。要知道，这样的婚姻不仅是对对方不负责任，也是对自己不负责任。

欣赏自己，别人才会欣赏你

在生活中不管你是什么样的人，你都有自己的闪光点，世界上没有完美的人，也没有一无是处的人。每个人都有自己的缺陷，不要紧盯着自己的缺陷不放并且将它放大，那样的话，只会让自己陷入苦恼和烦闷之中。气场的养成离不开对自己的认可，不要让那些无关紧要的缺陷束缚了自己的气场。

有一个小女孩叫仙儿，从小就很漂亮，也很顽皮。在她5岁的时候，有一次和朋友玩耍，在路上跑来跑去不小心摔倒，结果在她白净的侧脸上留下了一道疤痕。从此仙儿不再像以前那样活泼，别人家的小孩聚在一起玩耍，她就坐在旁边看着，也不去参与，她不敢和别人玩耍，她害怕别人注意到她的疤痕，害怕别人嫌弃她。有时候别人主动找她玩，她也是很快地跑开，她害怕别人离她太近更容易察觉到她脸上的疤痕，因此仙儿在没事的时候经常用手按压自己的疤痕，她希望疤痕消失掉。

后来，仙儿慢慢长大，她把短发留成了长发，而且头发都是披散着，她想用头发遮盖那道疤痕。就算是这样，她心里还是放心不下，还是不敢和人主动交往。慢慢地仙儿已经到了情窦初开的年龄，她在这时喜欢上了一个经常和她一起坐公车的同学，但是苦于自己的疤痕，她从来不敢和他说话，有一天，仙儿决定去看医生，为了自己喜欢的男孩，她一定要把疤痕消掉。走进医院，她就迫不及待地问医生："我的疤痕可以消掉吗？"医生走过来，女孩拨开厚厚的头发，指着自己的脸说："这里。"医生说："这哪里用得着消啊？这疤痕相当于不存在的，根本看不出来。"医生知道女孩心理上有点问题，就和女孩进行了一次长谈。谈话过后，女孩心情变得大好，回到家中对着镜中的自己说："你是最漂亮的！"然后开心地笑了。后来女孩跟自己喜欢的男孩在一起了，也变得乐观起来了。她不再注意自己的疤痕了，也扎起了马尾，她开始主动和人交往，也认识了很多人，但是从来没有人说她脸上有疤痕。

女孩侧脸上的疤痕并没有那么严重，但是她盯着自己的疤痕不放，那疤痕就成了女孩心里的疤痕，幸运的是女孩在医生的开导下，不再注意那条疤痕，找回了自信。生活中我们有着这样或者那样的小缺点，别人不会因此贬低我们，只是自己觉得刺眼而已。因此女人要学会欣赏自己，不让那些负面的东西影响自己的自信，更不能让它们破坏了我们的气场。

镜子可以让我们看到自己的外表，知道了自己的性格和能力能知道自己的内在。清楚了自己的内在和外在，也就可以找到自己的位置，从而找到自信的源泉。可是，有那么一些人在了解自己的缺点之后，陷入了一蹶不振，觉得自己一无是处。这样的人不管在什么地方都觉得自己的缺陷很显眼，走路和说话都很畏缩，也肯定没有气场，他们自己都不会欣赏自己，更何况别人呢？

拿破仑个子矮，他也没有因此自卑，他一出现就是万人瞩目的焦点，他之所以让人尊重，是因为懂得欣赏自己，让自己的优点盖过自己的缺点，使自己有自信，让自己有强大的气场。这样周围的人也就只看到他的优点，忽略了他的不足之处。

因此，不要一直盯着自己的缺点不放，应该让自己的缺点大而化小，小而化无。多发扬自己的优点，用自己的优点吸引别人的目光，进而把自己的缺点忽略掉。这样你就拥有了自信，也就有了强大的气场。

第四章

淡定的女人最幸福，
女神从来不慌张

与其声嘶力竭，不如莞尔一笑

声嘶力竭、恼羞成怒从来都不能挽回一个女人的自尊，反而会让女人精心维护的优雅形象瞬间消失殆尽，让其在别人心目中的气质修养荡然无存。所以，遇到不愉快之事时，不如莞尔一笑，淡然处之，这样更能体现出一个人的修养和人格魅力，也更能获得生活的美好。

很多人一定记得《武林外传》中的大嘴郭芙蓉，每次当她生气抓狂要发飙的时候，总是自言自语地说："世界如此美妙，我却如此暴躁，这样不好不好。"那副傻里傻气又滑稽的神情，给我们带来了欢乐，也给我们留下了深刻的印象，看着她这么可爱的样子，任何阴霾瞬间烟消云散。

古人常常说："病从气上得，气在病中走。"人的各种怨气憋屈积压在心里是最容易伤害身体的，而这也是经过了医生和科学家的科学论证的。据说，人体在生气发怒时会呼吸急促，肺部快速扩张，自然增加了氧气的耗费量，一系列的反应会最终导致人体处于一种失控的状态。更严重的是，当一个人在精神上遇到重大创伤和挫折，即使心理平衡能力再好，后期调理、恢复得再快，一般也要损命一年。当然，不仅身心上，容易生气发怒的人也会给他人和社会带去伤害，历史上有名的"冲冠一怒为红颜"就是一个典型的例子。

我们每个人都是独立的个体，有着对世界和人生的各种看法，当遇到委屈的事情，遇到与自己相反的意见，看到生活中不平的现象，生气和发泄自然在所难免。那么如何合理而巧妙地避免这些现象给自己带来伤害，如何有效地让自己尽量少生气、少动怒呢？知名影星刘晓庆曾经接受记者采访时被问道："您作为一个成功的女性，您认为您最成功的地方在哪儿呢？"刘晓庆回答说："我没有其他优秀之处，我最成功的地方就是我的性格，这也是我的保养秘诀。在生活中我一直是一个乐观、开朗的人，生活中事业上都保持了一种向上、蓬勃的状态，跟我接触久了的人都知道，一个月都很难见到我生一次气，就算遇到什么闹心的事儿，每次生气也超不过三分钟。"

女人是天生的感性动物，容易情绪化，容易受到外界事物的感染。很多女性容易胡思乱想，遇到一点小事便失去冷静、动起怒火来。回顾一下你过去的生活，是不是有一些时刻，你突然变得无比的愤怒，想要大声喊叫，好像不歇斯底里不足以表达自己的愤慨？甚至你可能情绪失控，不再顾及自己的淑女形象，而直接大喊大叫起来？但声嘶力竭的发泄过后，你可能并没感到快乐和轻松，反而会陷入更深的苦恼和愤怒当中。坏脾气的破坏力是极强的，它会让一个外表看起来赏心悦目的女人瞬间失去自尊和优雅，变成一个不那么美好的女人。

"优雅的女人是不生气的"，这句话是"史上最美女人"著名影星奥黛丽·赫本的人生箴言。女人如水，应该是柔软的、温柔的，善解人意、善于转化现状的，而不是像火一样的暴躁和伤人。有魅力的女人首先要懂得管理好自己的情绪，保持平和的心态。那些爱发脾气、心里总是压不住火的姑娘，不妨自己想一想，我们有多少次情绪失控像一个泼妇一般伤害了他人和自己？那些不良情绪如洪水猛兽一样无情地吞噬了自己的同时，也危及身边那些爱你的人。

不生气是可以做到的，只要我们懂得控制住自己的情绪，控制自己的脾气，从容淡定，尽量避免外界对于我们自身的影响，凡事多思考一下后果，多为他人考虑一些，不论遇到什么烦心事都能淡定地来面对自己的状况和处境。下面这个故事或许可以给我们一些启示：

曼丽新买了一件漂亮的连衣裙，一大早就穿着这条价格不菲的裙子去上班了。可谁知，上班的路上被一个骑自行车的人碰到，裙子质量虽好，仍然被车子撕开了一条小小的口子，看到刚买的这件新衣服就这样划出了裂痕，曼丽顿时觉得怒火中烧。不管三七二十一，曼丽当即和骑自行车的人大吵起来，不仅要求对方赔礼道歉，还要求别人拿钱买一条新的裙子。大清早的两个人就这样纠缠起来，心里都憋着一股闷气。而周围的人也停下匆匆上班的脚步，停下来以异样的眼光打量着她们，这人群里说不定有认识曼丽的人。曼丽的声嘶力竭并没有把裙子变好，反而让她自己漂亮又知性的形象大受损失。

回家后，曼丽仔细想想今天发生的事情，觉得还是有些过意不去。后来，再遇到这种事情，曼丽虽然心疼，不过已经懂得如何去处理，她会微微一笑，幽默地说上一句："是不是我的衣服太好看了？"有一次，她竟然因为自己的灵活应变而结识了一个朋友，那位朋友说："我从你的表现中看到了你的为人和淡定，所以能和你这样的人做朋友是我的荣幸。"

动不动就歇斯底里是一种非常没有教养的表现，一个成熟的女人绝不会做出如此不理智的行为，因为她们知道，当自己的权益受到损害或者遇到让自己心理不平衡的事情就大发雷霆是不会给自己带来任何好处的，她们懂得控制自己的情绪，懂得淡定从容的女人才会更加的美丽。她们也知道，声嘶力竭不仅不能挽回你的自尊，反而会彻底丢掉你的自尊，破坏你在他人心目中的形象，让你身上独具的魅力和气质荡然无存。将歇斯底里换成含蓄的莞尔一笑，用淡然幽默来面对他人的无礼和莽撞，更能将矛盾冲突化到最小，于你而言，这也是一种宽容和气度的体现，培养自己的宽容和气度则会让女人更加懂得生活的美好和获取幸福的能力。说不定，你的轻松一笑，也能让一个人怦然心动呢！

女人不必像男人那样，凡事都要争个输赢，对于女人来说，让自己活得淡定从容，活出自己的优雅和美丽就是最重要的事情。当你面对那些让你抓狂又无可奈何的事情，除了控制好自己的情绪，端正自己的心态，没有其他很好的选择了。只有冷静从容地面对这些生活难题，你才能够有更大的力量去面对那些生命中的险恶。努力修炼自己，把自己塑造成一束临风飘扬的崖边花，而不要去当让男人生畏的河东吼狮。

接受现实，是每个女人的必修课

生命有顺风和阳光，也有坎坷与沼泽，两者并存，不可或缺。人的一生不可能永远一帆风顺，任何一个女人也不可能从内到外完美无瑕。人生中遭遇到挫折也好，痛苦也罢，都要学会平静地接受现实。我们只有学会接受现实，才能努力用自己的能力去改变现实。不论一个女人的现状如何、遭遇了什么，她的内心都应该是盛开鲜花的广场，乐观而通达。学会让自己拥有顺其自然的心态，学会坦然地面对困境，你的生命会变得更坚韧、有力量。

也许现在的你经常抱怨自己长得不够漂亮，身材不够苗条，你总是认为变得再漂亮点才能让人们喜欢你；又有时候你觉得自己不够幸运，那些好机会好像都被别人取走了；又或许你在生活中经历了一些令你感到无法接受的痛苦和挫折，让你的内心倍感受挫，沮丧不已。此时的你也许会不停地哭泣，不停地抱怨自己和上天："为什么我这么差劲？""为什么倒霉的总是我？""为什么就我的生活这么不顺？""是不是我命不好？"……可即便你哭肿了眼睛、郁闷到极点，现实也不会无缘无故地发生改变。

　　香港影星刘嘉玲刚开始进入演艺圈的时候并不得意，那时候，初出茅庐的她备受各种冷眼热嘲，常常被人拒之千里。某次，她接受电视台的采访，她对主持人说："我的粤语说不好，大家常常嘲笑我是大陆妹。"那个时候，"大陆妹"的称号很容易被圈内人瞧不起，那代表着傻、笨、土，对于追逐时尚和炫丽的娱乐圈来说，这样的印象无疑让刘嘉玲很难生存下去，会让她的演艺之路走得异常艰难。从她的成长发展历程来看，无数次在事业上的挫败，无数次在感情上的打击，让她的生活蕴含着百般滋味。甚至曾经遭黑帮绑架的经历也让她的心里长久地蒙上了阴影。刘嘉玲说，她今天的成就不是那么顺利的，她听到的嘲笑声比得到的掌声要多得多。出道的时候，没有一个导演正眼看过她，和她一起出道的同辈拿过了无数次影后称号之后，她还是那个默默无闻的小角色，直到凭借《阿飞正传》中的角色在法国拿了影后之后，刘嘉玲才真正地为大家所喜欢。曾经和梁朝伟的爱情马拉松，更是别人指指点点的对象，两人在公众的指点和评说之中，分分合合了很多次。不过这一切都没有改变刘嘉玲的生活，她早就习惯了人们的说三道四，对此也早就不放在心上。她选择了低调，选择淡出人们的视野，即便是这样，曾经遭绑架时所拍的"裸照"竟然会被不良之人公开，原本平静的生活又开始沸腾起来。

面对这样的不幸遭遇，换做谁都很难招架，刘嘉玲并没有逃避躲闪，也没有被击垮，相反，而是以异常从容平静的心来处之。她勇敢且坦诚地向公众承认了照片上的人正是自己，并公开拍这些照片的缘由，将当年不幸遭遇的来龙去脉都公开出来。要知道，这背后所需要面对的强大的势力和压力足以毁灭她的前程。这些事情没有让人们远离刘嘉玲，人们反而被她的气魄所折服，不管圈内还是圈外的人，都对她表示了由衷的佩服和欣赏。"当一个人的生命受到威胁而迫近死亡的时候，每个人都必须去面对并解决它。我不是一个坚强的人，但，我很幸运，我就好像是一朵向日葵，永远朝着阳光，阴霾永远在背后，所以，我对待每一件事都会用最简单的方法去处理，坦然地接受现实，再复杂的问题都会找到解决的办法。我的智慧仍然有限，到现在，我都仍需要不断地吸收知识。""裸照"事件过后，让刘嘉玲感到很意外的是，以前那些不怀好意的各种谩骂和绯闻戛然而止，一切不理解和诽谤在此刻突然间都烟消云散。刘嘉玲以她的坚强赢得了大家的欢呼声。刘嘉玲没有其他过人的秘诀，只是在面对困难的时候，她没有躲躲闪闪，逃避自己的内心，而是勇敢地承担起自己的责任，最终她不仅没有受到任何负面的影响，反而是得到了更多人的理解和赞扬。

人的一生必定会有风有浪，如刘嘉玲一样在我们眼中美丽、富有、幸运、完美的女人们其实也经历过很多痛苦和挫折，甚至多于我们常人很多很多。当遭遇困境时，不要哀怨、恐慌和逃避现实，勇敢地面对它，对它说"你尽管来吧，我不怕你！我有勇气面对，也有力量来解决你"；当你因自己不够漂亮、不够聪明而感到自卑和沮丧时，要学会改变心态，学会接纳自己，接受现实，并在能力范围内做出一些积极的改变；当所有事情已成定局，你为了改变现状之前也做出了不少的努力，但是成果却总是不怎么显著，那么何不学会转变心态呢？不要再耿耿于怀，不要再沮丧，试着接受现状的存在，把现在的一切作为一个新的起点，或许会更加豁然。

学会接受现实，用淡定从容的姿态面对人生中的一切。学会积极地看待人生，学会凡事都往好处想。这样，阳光就会流进心里，驱走恐惧和黑暗，驱走失望与沮丧，驱走所有的阴霾。

学会接受现实，用自己的努力去改善现实中的不如意之处。做一个内心强大而富有行动力的女子，不自哀自怜、一蹶不振。我们生下来不是被打倒的，失败只是我们进步的梯子，不是压倒我们的磐石。振作起来，行动起来，让所谓的"霉运"在你的手中被打造成好运气！

学会接受现实，坦然地为自己当初的选择埋单。要明白，除了先天的缺憾，现在所发生的事，归根到底都是之前我们自己选择的结果，即便环境恶劣、他人有错，但最大的责任还在于我们自己。但不要过于自怨自艾，发生的，已经发生了；过去的，已经过去了，坦然地接受自己最初的选择和行为。正视挫折，学会自省和总结经验教训，下一个路口有好事在等你！

也许你会想，很多时候现实那么残酷，怎么可能如此淡定地面对？我生来自身条件就不好，怎么可能让我接受这样一个不完美的自己？别急，下面几点也许会给你带来些启示。

1. 丢弃完美，接受自己

接受自己，就是要学会正确面对自己，正视自己的优点，也勇于面对自己的缺点。每个人都是独特的有迷人之处的个体，要学会喜爱自己，不要总是盯着自己的缺点躲在角落里自卑。可以自问一下，我有哪些让我自己喜爱的地方？有哪些优点？把它们一条一条列出来，久而久之，你可能就会改变对自己的感觉。每个女人都不是完美的，有可能她个子矮，有可能她高度近视，有可能她有些愚笨，有可能她体重超标。但这又能怎样呢？我就是我，我爱自己身上的所有幸与不幸，而且我也会变得更好、更完美。

2. 这一切没有想象的那么糟

我们遭遇挫折时，会瞬间有一种天塌下来的感觉，觉得无法面对，觉得再也没有比自己更悲惨的人了。这个时候不妨冷静下来，仔细审视一下你现在所面临的困境。在你接受现实的过程中，当你分析你所面对的惨淡的现状，理智客观地思考一下，你就会发现一切没有那么糟糕。承认失败才能够重新来过，接受了失去的痛，我们才会更加懂得如何得到。

3. 做出积极的改变

当你遇到的难题是可以解决的时，不要因为棘手和害怕而一直逃避，这只会带来更深的焦虑和痛苦，勇于面对，积极做出改变。贫穷，那就努力赚钱，想办法创造财富；肥胖，那就好好减肥努力变瘦；工作搞砸了，那就想办法尽力弥补；和老公一直有很深的矛盾隔阂，那就把问题好好挖出来尽力解决和改善。要记住，逃避现实永远无法改变困状，面对现实、积极行动起来解决问题才是王道。

做一个内心强大、坦然面对现实的女人，把挫折当成眼中的一粒轻沙，眨一眨眼睛，就足以将它淹没。不要放大痛苦，不要躲藏和逃离。笑对现实，继续前进。

人生得意也淡然

聪明的女人要"耐得住寂寞，经得起喧嚣"。在这个张扬而浮躁的年代中，许多女人都喜欢炫耀财富和美丽，得了志或出了名而张狂到忘乎所以的女人也比比皆是。虽然也有诗云"人生得意须尽欢，莫使金樽空对月"，但是"得意莫忘形"，是为人处世的最基本而又最实际的人生哲学。

我们的人生中总会拥有一些令自己感到骄傲自豪的东西，也会遇到一些值得得意的幸事，比如交往了一个事业有成、外表俊美的男友，比如得到了一份令人羡慕的好工作，比如拥有姣好的容貌和傲人的身材，比如拥有优于普通女人的高学历和高智商……这些资本和幸事确实使得我们感到高兴。但有时你会发现，这些让人开心的好东西，给了你满足和固有的优越的同时，也让你浮躁起来，甚至忘乎所以，迷失了自己。

很多女人曾经热烈地为了一点点虚荣狂奔与追逐，也许曾经有很多女人是如此眷恋名利，把任何一次掌声与喝彩看得很重。她们忘记了自己是谁，也不关心自己是否真的幸福，似乎满足虚荣心成了人生的唯一目标。当一个女人每天在你面前炫耀自己的财富和容貌，吹嘘自己的能力，一副全天下我最牛的样子，你会喜欢她么？试想，一个光华内敛、宁静自持的女子，和一个张狂轻浮、得意扬扬的女子，你会喜欢哪一个呢？得意张狂不懂得谦虚的女人最可悲之处是失去了最起码的优雅和教养，让她在人们的心中丑态尽显。

在一次舞蹈大赛中，张晓意外地得了一个二等奖。作为一个非专业舞蹈演员，她对这个荣誉感到非常的惊喜。张晓喜滋滋地想："这可是国家级的奖项啊。有多少参赛者都纷纷落马了，可自己却得到了，真是太棒了。"

得奖之后的那几天，张晓每天心情大好，她走路都是哼着小曲儿，脚下轻飘飘的。于是就和老公商量："咱也获奖了，要不叫几个朋友聚聚？"

老公沉思了一会儿，说："你能够获奖当然是值得高兴和庆祝的，我脸上也有光彩。咱叫几个朋友聚聚庆祝一下我也觉得没什么。可是你想了没有，我们张罗大家聚聚的目的是什么？无非是向人家证明，你在舞蹈大赛获奖了，你跳舞跳得厉害、有实力，这样，咱是不是有些显摆了？咱不是显得有些张扬了吗？"

老公的一席话像一盆冷水，当头浇下来。张晓这些天膨胀的头脑立刻清醒了，"是啊，自己现在的想法和做法不就是显得有点儿张扬了吗？是不是该低调行事才好一些？"张晓拍着脑瓜，对自己之前的想法感到有些惭愧。

张晓是个聪明而机灵的女人，老公的一席话让她立刻从忘乎所以的兴奋当中清醒过来，明白了在荣誉面前保持低调和淡定才是最正确的。一个智慧的女子在拥有很多常人羡慕的东西的时候还能够保持清醒的头脑，不趾高气扬。一个淡然的女子懂得在得意的时候仍保持平常心，喜而不狂，从不炫耀卖弄，平静安心地过着自己的日子。

人生得意也淡然。宠辱不惊，闲看庭前花开花落；去留无意，漫随天际云卷云舒。在浮躁的世俗中修炼出宠辱不惊的本领，是提升你自身素养和幸福感的通道，也是让你变成一个更迷人、更受周围人喜爱和羡慕的女人的金钥匙。那么我们该如何掌握这把金钥匙呢？

1. 停止炫耀卖弄

"你看，这是我从香港带回来的 LV 包包，今年春天最新款的！""我老公送我礼物了，又是卡地亚的镯子。"这些话是一些女人喜欢挂在嘴边的，尤其是在跟同性聊天时，更喜欢这样有意无意地炫耀。当你发现自己有时候也会犯这样的"毛病"时，赶紧停止吧。在你不停炫耀的时候，也是让你不停被他人所反感的时候。拥有东西比你更多的女人会在心里轻蔑一笑，没有你富有的女人也许会因为嫉妒和觉得你瞧不起她而在心里默默地把你拉进黑名单了。一个有内涵、有修养的女人即便拥有全世界的财富、美丽和好运，也不会一直不停地向别人炫耀来显示自己高人一等的，但她们从来都是人们羡慕和尊敬的对象。记住，好东西不是炫耀出来的，炫耀只会让你更丑陋。

2. 平易随和，不盛气凌人

虚荣心、自负心过度膨胀的女人总是表现得那么高高在上、盛气凌人。殊不知一个爱摆架子、过于把自己当回事儿的人是招人厌恶、人见人烦的。他们会让周围人感到很累。他们不喜欢听取别人的意见，不尊重别人，肆无忌惮地把自己当成太阳，这样一来，周围的人也就渐渐疏远了他们。与其做个孤芳自赏的高傲公主，不如放下你身上的"臭架子"，做个善解人意、谦虚随和的女人，平心静气地与人谈天说地，尊重和夸赞身边的人。不论是同性还是异性，都会喜欢随意、柔和、温婉的女子，而不是盛气凌人、骄傲跋扈的女王。

3. 学会忘记，继续前行

那些你已经取得的成就确实是值得骄傲的，他们对你的实力和努力做出了肯定。但要记住，过去的荣耀只能代表过去某个时段的你。生活始终在继续，人生时时有变化，我们要在将来的美好中生活，而不是在过去的荣耀上睡觉。为了创造出你未来人生新的美好，需要随时忘记你正在拥有或曾经拥有过的荣光。保持一颗谦虚、谨慎的上进心，继续在让自己的生活在更美好的道路上前行吧。

每个女人都拥有一种幸福，这个幸福就是现在

对于已经失去的东西，我们往往认为它是美好的，总是把它想象得超乎本相的好，在心理上保存下来它的完美形象。而对于得不到的东西，我们常常加倍地渴望，甚至把它视为一个迫切想实现的梦想。其实，幸福本来就是现在。往事再美好或者再痛苦，好在都已过去，记着或遗忘，都不重要。明天会是什么样，也是一个未知数。只有现在可以把握在我们手中，眼前的幸福是最值得珍惜的、享受的。

叔本华曾经说过："人们往往身在福中不知福，大部分人只有当不幸降临到自己身上时，才盼望那些幸福的日子再次来临。"我们时常不安于现状，对现实充满不满与抱怨。我们习惯于沉浸在过去的美好之中，也喜欢说"以后我会怎么怎么样""将来的

生活会怎么怎么样",而常常对现在自己所拥有的一切熟视无睹，忽视了现在的幸福。其实，那每一个令你怀念的美好过去，曾经都有个名字叫"现在"；那些令你憧憬的未来，有一天也都会变成"现在"。珍惜此刻的自己，珍惜眼前人，珍惜当下的生活，珍惜现在所拥有的一切，才能让一个女人真正获得恒久的幸福。

地震那天，家在四川的王芳如平日一样一早来到办公室，倒一杯热水，刚坐在电脑前准备办公，突然，椅子开始剧烈地晃动，她以为是头晕产生的幻觉。这个时候办公室的吊灯突然晃掉了，她马上反应是地震。

飞奔下楼，惊魂未定的王芳急忙开始给家人、朋友打电话，却是一个都打不通。那时，王芳和很多人一样紧张得仿佛末日来临一般。后来，震动结束后，用办公室电话终于打通了家里的电话，父母没事，爱人没事。王芳又急忙赶到学校去接了女儿，看到女儿也平安无事，这才放下心来。

接下来的一段日子，王芳全家人是在余震中提心吊胆地度过的。为了安全起见，全家人在车里和露天席子上都住过。每当清晨醒来，看到阳光，感受清风，知道一家人还好好地活着的时候，王芳就觉得特别的知足和感恩。

经历了那场地震，看过生命中太多的悲欢离合后，王芳开始分外珍惜自己的生活，珍惜自己的家人和朋友。她说："生命有时候是无常的，人生之路谁也不知道终点在哪里。明日复明日，可那一个明日却是永远也看不到的。好好珍惜现在吧！在静静的呼吸间，感受生命的美好。毕竟有多少人已经无法感受这一切了，而我们还拥有现在，我们还有生命去感受和体验快乐和痛苦。"

正如王芳所说，人生无常，我们所能真正把握和珍惜的只有现在。很多女人一直生活在幸福之中，却总是在茫然地追问幸福在哪里。她们撇开眼前的幸福，徒劳地为镜中花、水中月奔波劳碌，却从来没有发现幸福的真相，而再回首时，才发现那些曾经拥有的幸福消失了。要知道幸福就是现在时，快快乐乐善待现在的每一份拥有，过好现在的每一天，不就是一种幸福么？

每个女人都拥有一种幸福，这个幸福就是现在。往事再美好，都已经只变成珍藏在心底的回忆。明天会是什么样，充满了无常和未知。把幸福寄予当下，感受此刻生命中的阳光和微风，感受此刻自己的哭泣与欢笑，感受此刻的亲情、友情、爱情，这一切不是很幸福、很美好么？学着珍惜现在的每时每刻，珍惜现在的人和事，过好自己的每一天，享受专属于你的美好人生。

尽情地享受生活，感受当下的每一丝美好。春天来了，就出去踏青，趁此时春光大好；遇到自己喜欢的衣服，有能力买就买下来，趁此时它在你身上最美；拥有爱情，就全情投入好好享受吧，趁此时你们最相爱；有想做的事情，就大胆地行动起来，趁此时你还有热情。

珍惜现在其实也是在珍惜未来，把握住现在其实也把握住了美好的明天。安心地放眼于当下的生活，努力在现实的田野上播下希望的种子，享受一步一步向目标靠近的过程，然后等到未来收获更多的幸福和美好。

如果此刻身处幸福蜜罐中的你依然看不清幸福的模样，依然只能看到现状的不尽人意之处却忽略了美好，不妨来一起做一做幸福练习吧，也许你能从中发现，原来，幸福就在当下；原来，幸福一直都在你身边。

（1）买一个幸福笔记本。在本子上写上20条现在你所拥有的宝贵东西。比如贴心的丈夫、健康的身体、良好的品质、甚至是一顿美食。想写什么就写什么，在写的过程中其实你会发现，你所拥有的幸福不止20条。那就一直往下写下去吧，把你无限的幸福延续下去。这样的幸福清单会让你真切地感受到原来"现在"就是最大的幸福。以后的每一天每一秒遇到让你充满幸福感的事情时，都可以及时记录在幸福笔记本上。感到生活有阴霾时拿出来翻一翻，它会给你带来一丝阳光；感到身心疲惫时拿出来翻一翻，它会给你带来充满温暖的正能量。

（2）在自己目光经常看到的地方贴幸福纸条。"我是最幸福的女人""我每一天都过得很愉悦""当下的生活是最好的生活"……随便写，用颜色醒目的笔写下你的幸福宣言和感受，时时刻刻提醒自己：我是幸福的，现在是美好的。

静下心来，放下心灵负担，仔细品味你已拥有的一切，学会欣赏自己的每一次成功，每一点拥有。这样你就不难发现，幸福就在你的手里。

心淡如菊，楚楚动人

女子如菊，淡雅宜人。人淡如菊，淡在荣辱之外，淡在名利之外，淡在诱惑之外。拥有这样的淡，会让一个女人不论多大年龄都能散发出楚楚动人的味道。学着做个淡定、洒脱、睿智的女人，在滚滚红尘中，击破纷扰，洞察世事，用出世的心面对入世的生活，达到"落花无言，人淡如菊，心素如简"的境界。

在一期《家庭演播室》节目中，请来的嘉宾是"肥猫"郑则仕。主持人问他，最欣赏妻子的哪一点。"肥猫"含情脉脉地看着坐在身旁的妻子，笑着回答："我最欣赏她心淡如菊。"心淡如菊，是一种平和宁静、淡定自如的心境。心淡如菊，也是对一个女人最好的赞美词。真正的美丽一定是由内而外散发出来的，这就是"心淡菊花"的女人美之关键。这样的女人秀丽脱俗，她们是优雅的、明净的，也是聪明的、知性的。

但是很多时候，很多女人的内心都为外物所遮蔽、掩饰，浮躁的心情占领了我们整颗心，我们常因外界的作用扭曲了内心的声音，争取了很多并非自己内心真正想要了东西，做了很多与心愿相违的事情：放弃了自己真正爱的人，嫁给了一个有钱的男人，因为别人说这样才能过好日子；放弃了学自己喜欢的专业，选择了眼下最热门的专业，因为所有人都在说这是最有潜力与前景的专业。现代人惯于为自己做各种周密而细致的盘算，权衡可能有的各种收益与损失，殊不知很多时候这才是我们内心痛苦的根源。我们放弃了倾听内心的声音，使得人生充满了遗憾，更可悲的是，很多遗憾从未被我们察觉出来过。

给生活留有一点空隙，保持内心的宁静，用淡泊梳理人生。人淡如菊，心静如水。当你的心平静下来，当你把心从世俗的浮躁压抑中拯救出来，当你在心灵中注满愉悦和喜乐时，你才能真正倾听到从内心发出来的声音，才能真正了解你的内心。这个时候你就会发现，原来世界并没有我们想象得那么拥挤，生活也没有我们想象得那么痛苦难耐，我知道自己真正想要的是什么，我也知道该以怎样的方式度过我的人生。

心淡如菊，以一份洒脱娴静的心态来面对喧嚣的红尘。静静地观看这个世界，默默地思考周围的人和事，以清醒冷静的态度面对生活。让遗憾沉淀在记忆里，把沧桑隐藏在心底里。不以物喜，不以己悲，豁达宽厚，远离庸俗，才能保有健康的心智，享受到人生的乐趣。也只有守着一颗恬淡明净的心，美好才会造访你的身边。

心淡如菊，在柔软的内心深处，把自己还原成那个本真纯洁的自我。抛却很多的繁杂，做回简单的自我。是一条小鱼，就欢快地在水中舞蹈，不用去羡慕鸟儿的飞翔；是一只鸟儿，就自由地在天空翱翔，从不探寻水底小鱼的去向。热爱美丽，但却崇尚自然，寻找快乐，却依然守望简单。用纯净的心去拥抱这个世界，让生命健康蓬勃地发展。

心淡如菊，在生活中像一朵雪菊般内敛而朴实，散发着淡淡的花香。虽然人生总有激情之时，虽然许多人都向往刺激的生活，但生活终将归于平淡，人终将归于平淡，一如平实淡定的菊。花开无言，盛开却不怒放，凋零却不惨淡，永远保持从容优雅的姿态，追求内心的平静与和谐。

心淡如菊的女人虽然是淡淡的，却有着非常强的吸引力和穿透力，和这样的女人在一起时，她就是那朵菊，安静、恬淡，散发着迷人的味道。在内心里做一个修行者，拥有心淡如菊的境界，是值得我们每一个女人修炼的。那么，该如何做到心淡如菊呢？

（1）正确地对待自己，拥有一颗平常心。在竞争激烈的社会中，学会舍弃争强好斗的态度，放下执念，饶过自己。要知道山外有山，天外有天，天下能人比比皆是，自己能做到的别人也能做到，甚至做得更好，始终保持过度争斗的态度，则斗争也永远无穷无尽。功与名，也不过是高山上的一株草；爱与恨，也不过是大海的一滴水。在世事的纷乱和潮起潮落的人生中，正确对待自己，保持一种遗世独立的从容和淡定。

（2）把时间用在投资内心上。太阳总是在有思想的地方升起，舍弃一些应付生活琐碎和玩乐的时间，拿出一些精力放在提高自己内涵和精神境界上吧。在周末的下午为自己沏一壶茶，手捧一本书，细细品味；在闲暇时间练一练瑜伽，静坐冥想，来净化自己的心灵；多与平和、愉悦的智者交流，从中领悟人生的哲理，提升自己的思想境界。

（3）在心淡中求满足。心淡如菊是一种心境，与金钱、权力和名气无关，只要觉得自己活得自在，只要能宽容地对待生活，对身边的人有爱的能力，做到伸缩自如，清静、安宁、祥和、知足而尽兴地享受生活的乐趣，那么，心里自然就会盛开一朵菊。这个时候你也会发现，尘世的一切原来可以这样简单，做个知足常乐、禅意芬芳的女人是件多么快乐而美好的事情。

"非淡泊无以明志，非宁静无以致远。"女人要始终保持一种淡如菊心态，对一切顺其自然，淡然处之，这样你的生命会更有质感，你的生活中会撒下更灿烂的阳光。

舒展你的眉头，没什么大不了

生活中时常会出现迷雾，一不小心就布满我们的心房。内心敏感细腻的女人，经常会为一些小事就变得忧心忡忡，陷入心灵的低潮处。其实，你所担忧的事情大多都不会发生，即便必然发生，我们也应该轻快地承受，就像杨柳承受风雨、水接受一切容器一样。这个世界上有很多值得我们欣赏和感受的美好，哪还有时间去为那些明天注定要被遗忘的事情烦恼呢！舒展开你的眉头，做一个阳光快乐的女人吧。一切都没什么大不了的！

高尔基有一句名言："忧愁像磨盘似的，把生活中所有美好的、光明的一切和生活的幻想所赋予的一切，都碾成枯燥、单调而又刺鼻的烟。"身为一个普通的女人，生活中总会有许多不如意的事情在消耗着我们的好心情，让我们的心灵变得越来越不安。我们担心上班堵车，我们担心孩子生病，我们担心丈夫有外遇、我们担心被老板炒鱿鱼，我们担心有一天自己的居住地会突然发生大地震……这些忧虑感逐渐让我们整个人变得疲惫不堪，越来越沮丧，安全感荡然无存。

著名的心灵导师戴尔·卡耐基认为，许多人都有为小事忧虑的毛病，人活在世上只有短短几十年，却浪费了很多时间，去愁一些一年内就会被忘掉的小事。忧虑和担心，几乎是完全无益的，它们会像蛀虫一样渐渐侵蚀掉你的幸福。再也没有什么比忧虑让女人老得更快的，忧虑会迅速地摧毁女人美丽的容颜，让女人的脸色变得难看，神态变得灰暗，皱纹变得深刻。而更可悲的是，你的忧虑除了消耗和折磨了自己，并不能给人生带来任何积极的作用。

其实，这个世界上本没有什么真正值得你忧虑和担心的事情，也没有什么想不开之处。生命短暂，我们不能因为一些小事而绊住前进的脚步，也不能让一些根本不会发生的事情剥夺了你的快乐。别把自己宝贵的时光纠缠在一些无聊琐事之中，时过境迁，用不了多久你就会把当时令你担忧的事情忘掉，但担忧带来的伤害却不会消失。"世间本无事，庸人自扰之。"当你为了那些莫须有的事情黯然伤神的时候，请及时地醒过来，对自己说一句："没什么大不了的。"

不要为无谓的琐事而苦恼焦虑。面对流淌的生命长河，这些芝麻小事显得是那么渺小、荒谬、微不足道。学着做一个旷达的女人。一个旷达的人的人生是荒原大漠式的人生，它能接受八面来风，不拘泥小川。学会旷达，就会站在人生另一个高度上去看待和审视周围的人和事，不会被无谓琐事所累；学会旷达，人生才具有像大海一样的宽广胸怀。

不要为明天的事情而担忧。圣经里有一句话："不要为明天忧虑，因为明天自有明天的忧虑；一天的难处一天当就够了。"天上的飞鸟，不耕种也不收获，上天尚且要养活它；田野里的百合花，从不忧虑它能不能开花，是不是可以开得和其他一样美，但是它就那么自然地开出了美丽的花朵。我们越来越被忧虑挤压，乃因我们常为明天、后天以至将来忧虑。我们要把明天、将来的难处，用一天来担当、来解决。安心享受今天的生活，明天的困惑明天自然会得到解决。

不要为打翻的牛奶而哭泣。不管昨天多么不幸，过去的已经过去了。要学会及时关闭身后的"门"。通过"关门"，将所有的过去都关在后面。如果我们每天都在追悔过去、担忧未来，还怎么能抓住今天的幸福，生活在现时之中呢？过去了的一去不复返，不要在悔恨过去中而摧毁了现在。当你一直为已经发生了的事情感到愧疚不安时，请对自己说：Don't cry for the spilt milk！

有的时候我们要学会心大一点，这个世界就没有什么大不了的事儿，也没有什么跨不过去的坎儿。当你感到内心被忧虑缠绕时，不妨试一试下面这两招：

（1）留出专门的时间来对付自己的忧虑。当你感到忧虑时，请写下自己的担心，详细记录你此刻的心情，剖析自己的内心深处为什么会感到忧虑，这些忧虑能对问题的解决起到怎样的作用。一段时间后，你就会对当初写下的文字哑然失笑，当你回首再看当初曾经担心的事情发展如何，忧虑的你会产生一种解脱感。而且你也会真切地感受到，很多忧虑都是没必要的，整天生活在忧虑中，就是给自己上了一道无形的枷锁。

（2）嘴角向上翘起来。外表颜面肌肉的变化可以改变内心的情绪状态。当你满面愁云时，不妨这样做一做：少许调整一下，使情绪平静一些。把嘴角上翘，尽力上翘，保持一分钟。此时，你的笑脸会逐渐地清除消极情绪，于是心中的天空便由"阴"转"晴"，忧虑也便渐渐烟消云散了。

做一个快乐无忧的女人，不要为今天发愁，也不要为明天而担忧。人生的每一秒钟都需要一个乐观积极的你去经历和创造，聪明的你，请舒展开你的眉头，露出你灿烂的笑容，挥一挥手，告别忧虑！

独处可以发展你的理性

在这个纷扰喧闹的世界中，很多人害怕孤独、恐惧独处。殊不知，越是浮躁的时代，我们越需要给自己留一片独处的空间，多与自己的心灵对对话。

独处时，可以放飞自己的灵魂，什么都可以想，什么都可以不想；独处时，可以获得宁静，汲取天地间的能量；独处时，可以让一个人的思维变得更加清醒、理性，精神得到升华。一个能够享受独处的女人，身上会散发着精美而轻灵的气息；一个喜欢独处的女人，能够善待灵魂深处那个真正的自我，贫穷也富有，寂寞也温柔。

著名学者周国平曾经在文章中写过："独处是人生中的美好时刻和美好体验，虽则有些寂寞，寂寞中却又有一种充实。独处是灵魂生长的必要空间，在独处时，我们从别人和事务中抽身出来，回到了自己。这时候，我们独自面对自己和上帝，开始了与自己的心灵以及与宇宙中的神秘力量的对话。"可在这个浮躁热闹并过度重视人际交往的年代，越来越多的人忘记了独处的力量，他们喜欢把自己的生活弄得非常的热闹和忙碌，喜欢周围时刻有人陪伴，一刻也不想自己一个人待着。这样的人表面上开朗外向、喜欢交际，实际上内心常常是孱弱和空虚的。

独处能够生成创造力、强大的精神和过人的智慧。古往今来，所有的伟大思想和箴言，无不是从孤独中得到启示的。每个人都是需要独处的，独处能够进行内在的整合，把从外来吸收的各种新经验和想法放到内在记忆中的某个恰当位置上，经过这样的整合，自我才能成为一个既独立又生长着的系统，一个人才能拥有强大的内心世界，并能更好地和外部世界进行吸收和互动。

独处是一种宝贵的能力，并非任何人、任何时候都可具备的，只有那些内心真正强大、能够独立思考、懂得从内汲取能量的人才能具备这种能力。在独处时，他们并不感到孤独和寂寞难耐，而是觉得非常的释放和解脱。在独处的时候，他们能让心灵彻底沉淀下来，让智慧彻底散发出来，回归心灵的港湾，反省自己，与自己的灵魂对话，洗去自己身上自惭形秽的污浊。独处也并不等于孤僻、不合群，能够独处的人也能够有正常的人际交往能力，也可以把生活过得很热闹，只是他们懂得给自己留一片净土。拥有独处能力的人能够适应尘世间的喧嚣，也能够静静体会和享受孤独。独处属于真正的思想和精神富有而又自由的人。

独处，是一种坦荡，一种沉思。我们生活在群体之中时，往往没有时间和机会进行独立思考，也很难静下心来。而独处可以使人远离日常生活中的喧嚣，让我们有充分的时间来观醒自己的内心，充分地思考自己想要做什么、接下来要怎么做，让紊乱的思绪得到梳理，让生命的灵魂寻找到栖息的空间，可以让你在回归人群时变得更加从容，做事情变得更加游刃有余。

　　独处能够让你成为自己思想的主人。在独处中寻得思想的独立，不人云亦云，不为周围的人和事所干扰，坚持独立思考，才能真正地为自己追求人生价值，这样也才能更多地感受到生活和工作所带来的独特的愉快体验。学会独处，真正地为自己去生活、工作和学习，不断强大自己的内心，不断地锻炼独立的思维能力，才能不为事、为人所累，不在喧嚣中与自己走散。做自己的主人，宁神静气，特立独行，才能心境沉着、厚积薄发、有所作为。

　　独处能够让一个人变得更加理性，心智变得更加成熟。在独处时，心中那波涛汹涌的海浪会慢慢地变得平和而宁静。静水深流，心变得平静清澈，看待事物也会变得透彻起来。看清了事物的本质，心就变得平静无波，这能够让人冷静地思考问题，理性地处理事情。在独处中逐渐成长，慢慢成熟，渐渐地让生活中的一切在心中变得淡然。

第五章

优雅，
女人永不褪色的美

优雅的气质来自完美的内心

只有举止优雅的女人，才会赢得男人的尊重和爱。"优雅，表现了女人有修养、有内涵，她们在一举手、一投足之间，都会使人觉得恰到好处，很有分寸。确实，要做到这点，没有智慧、没有修养那是无法想象的。

人们往往对举止粗鲁、不讲文明的女人嗤之以鼻，即使这种女人腰缠万贯，也没有人愿意把她们当上宾看待。但优雅的女人则不同，即使她们没有钱，即使她们没有什么名声、地位，就凭她们的优雅举止，便足以赢得人们的尊重。所以说，女人是需要优雅的，男人都希望看到更多的优雅女人。

相信每一个人都喜欢以迷人的优雅气质著称的女影星格蕾丝·凯利和奥黛丽·赫本。格蕾丝·凯利智慧而优雅的气质，让她一下子走红，甚至使这位有着"王妃"气质的灰姑娘在某一天成了真正的王妃。自此之后，其装扮言行愈加散发出高贵、典雅之气。赫本的优雅，则纯净而清丽，仿佛天上仙女般一尘不染，虽举手投足间仍有些稚气，却难掩那份与生俱来的优雅之气。

20世纪末，又有一位幸运得叫人嫉妒的好莱坞女孩冒了出来，她就是格温尼斯·帕特罗。这位并不漂亮的女子亦是以现代女孩少有的欧洲式优雅而显得耀眼无比。高挑修长的帕特罗被认为具有高雅而不失现代的气质，以及品位出众而时尚的衣着让人十分欣赏。就是这个五官平平的女孩，她的优雅简洁又透着些新时代随意风格的着装方式说明：脸蛋不漂亮的女人也可以美丽。

对于女性而言，气质主要包括以下四个方面：

（1）吸引力。来源于女性内心的涵养、对礼仪的理解、优雅的谈吐和得体的穿着。

（2）良好的形象。包括仪容、仪表和心态。

（3）好修养。包括品德修养和文化修养。

（4）好心态。是女性在感情、事业生活中如鱼得水的保证，也是增添自身魅力的重要法宝。

优雅是一种恒久的时尚，当优雅成为一种自然的气质时，这个女人一定显得成熟、温柔。

女人必须学会从今天开始改变自己，去读书、学习、发现、创造，它能让你获得丰富的感受、活跃的激情。要学会爱自己、赞美自己，善待自己也善待别人，让生活充满意义。

优雅是不分阶层、贫富贵贱的，它是一种处乱不惊、以不变应万变的心态。美国女人不惧怕离婚，更不会忍受丈夫的暴力，她会立刻出走，并潇洒地丢下一句："哪儿不能谋生？哪儿没有男人？"而生活中不少女人却总把离婚当成世界的末日，屈服于家庭暴力，这是因为她们还没有形成独立自主的意识，任何微不足道的外在打击都能摧毁她们的自信。其实，如果你自己不打倒自己，就没有人能够打倒你。做一个优雅女人，就是相信自己，相信爱情，相信人生中所有美好的东西。

真正的优雅来自完善的内心，是充实的内心世界、质朴的心灵形之于外的真挚表现，是自信的完美个性的体现。而所有的这些都来自于你所受的教育、你的自身修养以及你对美好天性的培植与发展。

其实，真正的优雅不一定需要有很多的金钱或者时间作为后盾，只要你留心，优雅无处不在。一个眼神、一句话、一个动作、一抹微笑，无不让你优雅万分。如果能在日常生活中注意以下几个方面，优雅于你而言就不会是那么遥远的事情了。

（1）在工作和生活中，应始终保持一种开阔的胸怀，这不仅是生存的需要，更是人生快乐的源泉。

（2）女性不仅要让"女人是弱者"的说法改变，还要将女性气质中的恬静、温和、性感等充分发挥出来，在婚姻、生活、工作中处处闪现出女人的迷人气质。

（3）拥有一颗宽容和接纳的心，让自己的内在魅力去同应该竞争的对象打拼，而不是同其他女性打嘴战。

（4）个性张扬、自主性强，这是现代女性成功所必备的心理素质，同时也为现代女性增添了另一番风韵，是一个气质女性所应追求和塑造的形象。

那么，什么样的女人才是具备优雅气质的女人呢？

1. 装扮得体、举止大方

不可能每个女人都拥有美貌。如果你的长相并不十分出众，那你就要懂得怎么改变自己，弥补自己的先天不足，通过服装、发型、化妆品等把自己装扮得体，显示出你特有的魅力。在言谈举止中要落落大方，既有女性的温柔，又有高雅的气质。女人的高贵并非指要出身豪门或者本身所处的地位如何显赫，而是指心态上的高贵。高贵的女人往往会给男人生活的信心和勇气，因为她们生命里潜存着一种净化男人心灵、激励男人斗志的人性魅力。她们不媚俗、不盲从、不虚华，最让男人欣赏。

2. 富有同情心

优雅的女人都有一份同情心，对弱者或是受到委屈的人们总会表示出由衷的同情，并理解他们，给他们以适当的安慰和帮助。

3. 心地善良、宽容待人

善良是女人的特性。假如你有一颗善良的心，并且待人宽厚，从不苛求他人，而且经常帮助一些老人、小孩子，那么，即使你不是很漂亮，但在这个物欲横流的世界里，你不俗的优雅气质依然会让人心动。

4. 健康、开朗、乐观

身体是生活的本钱，只有健康才能让自己活力四射、趋于完美。优雅的女人开朗乐观，遇到挫折时敢于认真面对，用女性特具的韧性，在克服困难的过程中寻求属于自己的幸福。

5. 有理想和自信

优雅的女人对未来有着崇高的理想，追求事业上的成功，用充满自信的目光看待每一件事、每一个人。男人就欣赏这种乐观自信的女人。自强自立的女人多了，男人背负的精神压力就会相对减小。而且，一个男人能与一个不仅只满足于衣食之安的女人共度人生，生活就永远不会变得陈旧，人生也不会走向退化。

6. 兴趣广泛

优雅的女人有着广泛的兴趣爱好，并能持之以恒。

女人的美丽在于心灵之美。试问有哪个女人不想成为优雅的女人？那就从现在做起，塑造你的气质，做个优雅女人。

举手投足尽显风雅

卡耐基先生曾讲过这样一件事：

"我曾经在得克萨斯州举办了一个培训班，主要讲授如何与人相处的课程。一天，我正独自一人坐在办公室思考问题，突然一阵急促的敲门声打断了我的思路。还没等我开口说'请进'，一位女士就风风火火地闯了进来。

"只见这位女士大大咧咧地走到我的面前，顺手拉了一把椅子坐了下来，开口说道：'你是卡耐基先生吗？我有一些事情想请你帮忙？'我点了点头，笑着说：'是的，女士，不知道有什么可以为您效劳的。'女士对我说：'我以前学过文秘，应该说我十分适合做秘书。可我不明白，为什么到现在为止仍然没有人愿意雇用我？'在她和我说话的时候，我仔细观察了一下，发现这位女士在举止上有很多不妥的地方。比如，她靠在椅子上的身体是倾斜的，腿也在不停地抖动着，眼睛四处游离，双手也不知该放什么地方。最让人接受不了的是，这位女士还会偶尔做出挖耳朵的动作来。

"听完女士的诉说后，我问道：'请问女士，您认为一个合格的秘书应该具备哪些素质？'女士有些满不在乎地说：'很简单，有能力、会打字，当然还要漂亮和有气质。'我顺着这位女士的回答说：'那您觉得什么是气质？'女士有些语塞，不过她还是说：'这……总之那是一种让人看起来很舒服的东西。嗨！卡耐基先生，你在做什么？你不觉得这个样子很不得体吗？'

"原来，就在女士说话的时候，我把脚放到了办公桌上，心不在焉地听她讲话，而且还时不时地做出挖鼻孔的动作。那位女士显然到了忍无可忍的地步，大声说：'卡耐基先生，您是一个有身份的人，怎么可以做出这样的事情来？您要知道，您的一些小举动很可能会影响到您在别人心目中的良好印象。'这时，我马上回到了原来的样子，并对她说：'女士，您说得很对，相信没有人愿意要我这样的人做员工，因为我看起来让人生厌。不过女士，我不得不告诉您，我刚才的举动其实是和你学的。'女士听完我的话

后没有说什么，因为她知道自己的确是有这方面的问题。她点了点头说：'谢谢你，卡耐基先生，我知道该怎么做了！'

"据说，那位女士后来参加了一个礼仪和形体训练班。如今，她已经如愿以偿地成为一家大公司的秘书，而且做得还非常不错。"

现在是你们思考问题的时候了。为什么以前那位女士总是找不到合适的工作，而在她参加完礼仪和形体训练班之后就找到了呢？是因为她的能力有所提高了？显然不是，因为礼仪和形体训练班上课不会教她如何当好一个秘书。事实上，正是因为她改变了自己不得体的仪态，所以才最终改变了自己的命运。

很多女人都梦想着自己不管走到哪里都能获得所有人的青睐。为了做到这一点，她们不惜花费大量的金钱和精力来塑造自己的外表。化妆品、文胸、丝袜、漂亮的衣服、昂贵的首饰等，这些东西无疑都成为女士们的首选。在她们看来，穿着性感、珠光宝气、浓妆艳抹的女人才是最有魅力的。

其实，这种观念是错误的。当然，这里并不是要否认外表的重要性。事实上，一个漂亮迷人的女人的确要比一个相貌平平的女人更容易获得好感。然而，芝加哥大学心理学院的教授卢克斯·托勒却说：每一个人对美的认识都是不一样的，因此每一个人的审美观念也不尽相同。然而，所有人在对事物进行评判的时候，都会考虑内在和外在两个方面。其实，很多人有一个错误的观念，那就是把人的内在美和外在美看成是两个互不相关的部分。实际上，内在美与外在美是密切相关的。在很多时候，人们完全可以通过外在的形式来表示自己的内在美，这也就是我们能通过外在的接触来感觉到对方的内在美。特别是对于女人，如果她们想要让自己充满魅力，外在的表现形式是非常重要的。当然，这不仅仅是通过化妆和穿衣。其实，我说的那种内在美也可以称为气质，而那种外在的表现形式就是平时的一举一动，也可以说是举手投足。

的确，卢克斯教授说的这一点很重要，而且它也往往会被女人们所忽视。实际上，真正能体现女人内在气质的关键，就是在这举手投足之间。英国著名演员卡瑟琳·罗伯茨是平民心目中的女王、贵妇人，因为她塑造的角色都是诸如王公贵妇、豪门千金这一类的角色。应该说这些角色很不好处理，因为她们要求演员必须能够演出那种高贵的气质。卡瑟琳·罗伯茨出生于一个普通的农民家庭，那么她是如何做到这一点的呢？

卡瑟琳回答说："在进入影视圈以前，我不过是一个普通人而已。我没进入过上流社会，因此不可能成功地塑造角色。当我第一次接到这类角色的时候，心里害怕极了，因为我不知道自己该怎么演。如果我不能把握那些生活在上流社会的人的'神'的话，那么观众有可能就会认为电影里那个人不过是一个穿着华丽衣服的乡下姑娘而已。为了让自己演得逼真，我开始留心观察那些贵妇人。

"在最初的时候，我只是留心她们的衣装打扮、语言谈吐，但我发现那些根本帮不了我。因为我虽然已经尽力去模仿了，但在别人眼里我依然是个下层社会的人。后来，我开始更为细致地观察她们，发现那些贵妇人虽然有时候穿的是很普通的衣服，但同样能看得出她们来自上流社会。最后，我终于发现，原来这些人真正的魅力是体现在平时的举手投足之间。有时候，仅仅是一个非常细微的动作，却能够体现出无尽的风雅来。于是，我开始学习她们的一举一动，而且还特意参加了一些礼仪课程。现在，我终于能够将那些贵妇人演得活灵活现了。不过坦白说，与其说我是在演贵妇人，还不如说就是在演我自己的生活。"

卡瑟琳真的很聪明，因为她发现一条让自己跻身上流社会的捷径。我们必须承认，贵族并不能单单以财富、金钱和地位来衡量。他们最显著的标志还是其身上特有的气质。一个家族的气质并不是一两代人就能塑造出来的，那是经过几百年的沉淀积累而成。诚然，女人们不可能在短时间内学会人家这种经过几代演变的内涵，但我们却可以通过训练使自己在举手投足之间显露出风雅来。你现在一定迫不及待地想要知道究竟该怎么做？这里有一些小的意见和方法，也许会对你有帮助。

女士们，要想真正成为众人眼中最耀眼的明星，要想让自己成为最受欢迎的人，那么请你们不要在为自己平庸的外貌感到忧虑。请相信，只要你们使自己拥有了非凡的品位和气质，那么你们就一定会成为世界上最有魅力的女人。

首先你要在心里告诉自己："我想要获得所有人的眼光，我要成为最风雅的女士，因此我必须训练自己的仪态。"然后，你到街上买一本有关礼仪的书，把它从头到尾读一遍。接着，你要找一面镜子（要那种能照全身的镜子），在镜子面前做各种动作。这时，你们就要以书上写的为基本准则，只要发现自己有哪些不妥的地方就马上更正。这不会浪费你们很多时间，只需在每天晚上睡觉前做半个小时就够了。

最后还要提醒各位女士，你们一定要在平时多留意自己的一些习惯性动作。有时候，这些小的动作会让你们远离"风雅"，比如挖耳朵。

只要你将自己的仪态训练得大方得体，那么你就一定会成为一个风雅女人。

做一个有格调的女人

对于每一个女人来说，美这个东西永远是最令人向往的。的确，对于所有人来说，美都会使他们心旷神怡，而女人也同会让所有人都心旷神怡。想一想，那些艺术家们无一不津津乐道于用女性的身体和各种形式来表现美。对于一个女人来说，拥有美丽的外表、迷人的姿态固然重要，但是只有拥有了高雅的风姿才会给人留下真正的视觉美感，才会让别人觉得你是最有品位的。

对于女人来说，没有一个人会不渴望自己能够成为众人眼中的"佼佼者"，这是女人的天性。女人们都希望能够得到异性的称赞和同性的羡慕。可是，很多女人却始终认为自己没有这个能力，因为她们的外表很平凡。女士们虽然无法选择自己的外表，因为那是父母留给我们的，但却可以通过训练让自己魅力四射。事实上，一个真正迷人的女人并不一定拥有漂亮的脸蛋，但却一定要拥有最迷人的风姿和最高雅的格调。首先要告诉你们的就是，不要太在乎自己的外表。只要你们让自己拥有了迷人的气质、高雅的格调，那么你们就一定会成为最有魅力的女人。

可能有些女人会说，自己不过是一名最底层的小职员或是家庭主妇，因此她们不需要培养什么魅力，也没有什么必要搞什么格调。对于她们来说，每天的生活都十分枯燥乏味，根本没有用到所谓格调的时候。如果你们有这种想法那就犯了一个严重的错误。事实上，只有那些有气质、有魅力、有格调的女人才会受到人们的欢迎，才能取得事业上的成功。

戴维斯先生是美国一家大公司的公关礼仪顾问，他曾经说："我给很多公司培训过公关人员。最初的时候，我发现差不多所有的人都认为拥有漂亮的脸蛋、迷人的身段对于一位公关人员来说是最重要的事，因为所有人都喜欢和一个容貌姣好的人打交道。我不完全否认这种说法，但是我认为，一个公关人员最重要的素质并不是外在的美貌，而是她们内在的气质。如果你遇到一个漂亮但却不懂礼术、说话粗俗、举止轻浮的公关员，那么相信你绝对不会对她产生好感。相反，如果对方虽然相貌平庸，但却有着非凡的魅力、不俗的谈吐，那么我相信你绝对乐意与她打交道。"

　　卡洛琳女士是纽约一家保险公司的高级讲师。对于一个只有 28 岁的年轻姑娘来说，拥有一份年薪 10 万美元的工作的确令人羡慕。然而，让所有人都很难相信的是，这位卡洛琳居然只有中学学历，而且也没有任何可以炫耀的家庭背景。至于说她的长相，真的很难恭维。个子不高，皮肤黝黑，脸上长满了雀斑，牙齿也显得有些发黄，鼻子、嘴巴、眼睛和眉毛之间的搭配也并没有任何特殊之处。真难想象，她是怎么用半年时间从一个普通的业务员变成一名高级讲师的。

　　若你问那家保险公司的一些主管以及听过卡洛琳讲课的一些人她是用什么使他们着迷时，这些人肯定给你的都是一个答案："卡洛琳女士虽然不漂亮，但是她却有着迷人的魅力。坦白说，如果单从她讲课的内容来看，并没有什么地方值得我们如此痴迷。不过，我们总是能从卡洛琳身上体会到一些很奇特的东西。是的，很奇特。她的一举一动，举手投足，都让我们体会到什么叫气质，什么叫美感。事实上，听她讲课并不感觉是在接受什么知识，反而觉得是在和她做一件非常愉快的事情。获得这种感觉的时间很短，仅仅两三分钟而已。也许，正是这种感觉才让我们不再有那种对保险业务的厌恶和警惕之心。"

　　卡洛琳说："我一直都这么认为，美丽的外表对于一个女人来说不过是一个涂上绚丽色彩的瓶子而已。我承认，初见的时候，它会给人一种美感，也会让人有那种怦然心动的感觉。然而，如果瓶子里装的是污水或秽物的话，那么就会马上让人们有一种大倒胃口的感觉。如果这个瓶子里装的是沁人心脾的美酒的话，就一定会让人陶醉其中。我们的外表是花瓶，而气质就是花瓶中所装的东西。如果我们能够拥有那种温文尔雅的仪态、得体大方的气质，那么一定会让所有的人都产生爱慕之情的，其中也包括同性。此外，这种仪态和气质还会让你获得一种非凡的品位。"

卡洛琳女士说得一点都没错，一个能拥有高雅格调的女人一定能够获得别人好感，取得他人的信任。如果你做不到这一点，让别人把你看成是一个没有内涵的花瓶的话，恐怕想受到别人的欢迎将会是一件很困难的事。

其实每一个女人都是模特，只不过那些专业模特是在 T 台上展示风采，而你们则是在生活的舞台上展示。如果没有格调，那么你们就不可能让生活变得神采飞扬、绚丽多彩。人们都说女人天生爱浪漫。可见，一个不懂、不会浪漫的女人是最可悲的。

优雅是永不褪色的美丽

优雅，是一个女人修养、内涵的外在表现，优雅的女人在一举手、一投足之间，都会使人觉得恰到好处，很有分寸。确实，要做到这点，没有智慧，没有修养那是无法想象的。女人可以不漂亮，但不能不优雅。

依莎贝尔·普瑞斯勒，女，1951年2月18日出生于菲律宾首都马尼拉，父亲是西班牙人。依莎贝尔在家中六个孩子中排行老三。18岁被送往西班牙马德里叔叔家，并在 Mary Ward 大学求学。后来进入模特行业，曾在20世纪70年代风靡拉美和欧洲。

18岁那年，父母将她送到西班牙马德里的亲戚家，准备就读 Mary Ward 大学。在那里待了长达14年，直到她碰到了胡里奥。

1971年两人步入礼堂，过着幸福的生活，并育有三个孩子，其中一位即是知名拉丁歌手安立奎。但随着胡里奥走红、事业变大，聚少离多的生活以及流言的出现，1978年，安立奎三岁的时候，依莎贝尔决定与胡里奥离婚。

离婚后的伊莎贝尔，陆续又和西班牙贵族 Carlos Falco、前西班牙财政部长 Miguel Boyer 相恋，分别维持了7年、10年的婚姻，并各生一个女儿。伊莎贝尔共育有5名小孩，尽管如此，她的身材依然窈窕。

今年已经61岁的伊莎贝尔，2007年1月被评为全西班牙最优雅的女人，登上最火的杂志封面。有媒体以"西班牙最优雅的女人，60岁老太性感宛若少女"为题来描述伊莎贝尔的优雅。这位年长小甜甜布兰妮30岁的女人，连小甜甜见到她，都会带着几分妒忌止不住连连尖叫。

对于美丽，伊莎贝尔说："我从来不掩饰自己的年龄，因为每一个年龄段都有不同的风采，努力让自己看起来年轻毫无意义。"她认为自己不是很懂人情世故的女人，只是努力让自己的生活顺其自然，尽力让自己看起来更优雅。

人们常说，做女人就要有女人味，要优雅。如果一个女人举手投足都男性味道十足，言辞粗俗，她即使长得再漂亮都不会让人产生美的感觉。伊莎贝尔让我们深刻地感受到了女人一定要坚持不懈地追求优雅，否则即使她再有名有利，再怎么美艳动人，都让人看着不舒服。

优雅，是女人的必修的成功课，是女性魅力的最高境界，是女人走向世界的性别资本。我们不妨用拆字法对"优雅"这个词进行细致的分析，所谓的"优"指的是一个人内在的品质、涵养、气度、心态所具有的完美状态，而"雅"则是内心所处的完美状态的外化，是优雅的举止、文雅的谈吐和高雅的形象。优雅实际上是内在和外在完美结合的产物，是一种内外交融的神韵之美。

优雅是女人的魅力武器，是女人征服世界的百变资本。善于运用优雅的女人，总能比阳刚味道十足的"女强人"更容易成功。在此，我们不得不提到埃及艳后克里欧·佩特拉，她就是一个完全依靠性别魅力攀上权力顶峰的优雅女人。

现在考古发现埃及艳后并不十分漂亮，甚至可以说是普通面貌，可是她仍然先后让罗马的两个英雄——恺撒和安东尼拜倒在自己的石榴裙下。不但如此，在她还是一个小姑娘的时候，恺撒和庞培的儿子就先后拜倒在她的石榴裙下，这一切都源于她过人的优雅。

克里欧·佩特拉见恺撒的场面很生动。一个背着一包毯子的人被带到恺撒面前："先生，我这货物是您从来没看见过的。"他小心翼翼地把背包放在地上，轻轻打开。看到恺撒面带惊异，他微笑了，"先生，我说得没错吧？"

可是恺撒却说不出话来，因为从那堆挂毯中跨步而出的是艳丽超群的埃及公主。

公主红发披肩，笑意迎人，体态柔软，举止活泼。

面对这个芳香可人的埃及公主，恺撒如钢铁一般的意志被击溃了。18岁的埃及公主嫁给了年近半百的恺撒，从此埃及公主变成了埃及艳后。

后来恺撒兵败，她又用特别的方式征服了罗马的另一个统帅安东尼。

风光旖旎的尼罗河上，装饰极为华美的画舫，上面倚着一位绝代佳人，她就是埃及艳后，清风拂面，使她的脸庞变得格外绯红……从这画舫之上散出一股奇妙扑鼻的芳香，让叱咤风云、骁勇善战的安东尼春心浮动。

安东尼遣人请她下船相见。不料，女王反而传话让他到自己的御船上来。这对于征服者来说无疑是一种公开的挑战。安东尼对这种出人意料的抗拒感到惊奇。他不由自主地上了船，走到风姿绰约、典雅娴静的女王身旁。丘比特的爱箭，一下射中了这位高傲自负的男人。

有一次他们一起去钓鱼，安东尼钓了半天，一条鱼都没有上钩，于是他命令仆人潜水下去，在自己的鱼钩上挂上活鱼。克里欧·佩特拉看到安东尼接二连三地收竿，一眼就看出了问题，可是她不动声色，悄悄命令自己的仆人拿一条咸鱼挂在安东尼的鱼钩上。安东尼拉上一看，周围的人哄然大笑。克里欧·佩特拉说："大将军啊，把钓竿交给渔夫吧，你应该钓的是王国、土地和城市。"

看看她的行为、言谈多么优雅而又吸引人啊。每一位女人都要为自己的生命，去除粗俗的杂草，让优雅的性情得以滋生，做个优雅一生的女人，还自己以女人本色，这样你才能够魅力永存，芳香四溢！

把自信当外套，做优雅的自己

对美的追求永远是女人的天性。无论是为悦己者，还是为了自己的绽放。现代女性总是不知疲倦地奔走在完美的路途上，她们努力寻找各种各样的方式来修复自身某些瑕疵或者不满意的部位。这些盲目追逐美的女人却不知道，优雅才是女人最美的、最永恒的外衣。

女人的优雅是娴静之美，润物细无声，若隐若现的美。那一颦一笑，是万绿丛中一点红，动人春色不须多的优雅。女人话要少、妆要淡、笑容可掬、爱执着、赏心而又悦目。常能让人感觉不出她真实的年龄。优雅是女人最美丽的衣裳，穿上它，再普通的女人也会神采奕奕。

著名作家毕淑敏女士曾说过：我不美丽，但我拥有自信。的确，自信原本就是一种美，一种持久的美。天生丽质，拥有花容月貌般的女人固然很漂亮，但缺少了自信、优雅、从容、淡定的漂亮，未必是美丽的。

让我们做一个自信的女人，每天清晨与阳光同时出现，肩上洒满阳光，步履轻盈，精神焕发，昂首挺胸，神采奕奕，信心十足地投入到生活和工作中去。古今中外，无数仁人志士拥有自信，推崇自信，从而抵达成功。

爱因斯坦这个名字似乎就代表着 20 世纪科学成就巅峰，这与他拥有着无与伦比的自信心是密不可分的。在相对论发表后的一段时间里，很多人都提出了质疑，他遭遇到前所未有的批评、攻击和谩骂，甚至有人还用极具"创新意识"的手段，挖空心思地炮制了一本看上去论据确凿的书，书名叫《百人驳相对论》。

对这一系列的打击和责骂，爱因斯坦却从来没有对自己的学说产生丝毫的怀疑，对于这些，他曾这样说："假如我的理论是错误的，一个人反驳就足够了。一百个零加起来还是零。"事实证明，爱因斯坦是正确的。相对论的提出是物理学领域的一次重大革命，推动物理学发展到一个新的高度。

一位法国物理学家曾经这样评价爱因斯坦："在我们这个时代的物理学家中，爱因斯坦将位于最前列，他现在是、将来也还是人类宇宙中最有光辉的巨星之一。"

的确，对于代表虚无和空洞的零来说，即使一千个、一万个又有多大意义呢？而唯有真正的自信，永远有着绿树常青的生命力。

一个女人一旦拥有了自信就会拥有美丽，就会拥有"呼之即来，挥之则去"的洒脱，也更拥有了"点滴滴，入心底"的从容。因此，从某种意义上来说，拥有自信比拥有美丽重要得多，因为自信可以随着日月的递进而历久弥新，而美丽却不能，所以，自信女人的一颦一笑所散发出的成熟的馨香，是一种耐品耐读的美。

高尔基也指出："只有满怀自信的人才能在任何地方把自信沉浸在生活中，实现自己的意志。"因此，自信是很多奇迹的萌发点。玫琳凯就拥抱自信，用乐观的心态开拓了自己的美丽事业。

玫琳凯化妆品公司创始人玫琳凯·艾施女士，她的一生可谓是多灾多难，她的创业史也是一部辛酸的眼泪史，可是那些困难并没有把她打垮；相反，人们从她的身上看到了自信的笑容，看到对生活永不磨灭的热情。

1918 年，玫琳凯·艾施出生在美国休斯敦，高中毕业后就和罗杰斯结婚了。3 年后，丈夫却抛弃了她，这位年轻的母亲不得不独自带着 3 个孩子开始了艰辛的生活。这是她人生的最低谷，带给了她无尽的自卑、痛苦和眼泪，还有因伤心而带来的一身病痛。

　　当时，玫琳凯前去医院看病。医生说诊断说她患了风湿性关节炎，甚至很快就会完全瘫痪。可是为了抚养 3 个嗷嗷待哺的孩子，她还是擦掉眼泪坚强地面对生活，她相信生命不会如此不公地对待自己，噩运总会离去，阳光迟早会降临。

　　为了维持生计，她找了一份销售员的工作，无论多累多苦，她都相信自己不会被病痛打倒，她相信自己一定能度过低谷。于是，她在工作的时候总是微笑着服务，保持着最好的状态。奇迹出现了，自信居然治好了她的关节炎！她曾自嘲地说："原来上帝是喜欢积极的生活态度的。"

　　1963 年，已经 45 岁的玫琳凯依然相信自己的生命会有奇迹出现，生活可以更美好。于是，她毅然辞职，和小儿子用尽了所有积蓄，成立了玫琳凯化妆品公司。可是在公司开张之前，玫琳凯的第二任丈夫因肺癌离世，这对玫琳凯来说又是一次沉重的打击。痛定思痛，她擦去眼泪对悲伤的儿子说："哭是没有用的，相信自己可以成功，不要放弃！"

　　玫琳凯做到了，公司安然渡过了创业困境，并且很快成长为美国一家颇有名气的企业，到现在玫琳凯已经走出美国，走向了世界，而玫琳凯女士也成为成功女性的典范。

　　玫琳凯的自信绝不同于自以为是和孤芳自赏。自信是一种冷静的态度和客观的自我评价；永远是一种积极进取和准确的自我定位；自信是一种巨大的力量和遭遇困难永不低头的精神。那种顽固不化、固执己见的自以为是和孤芳自赏，是多少头力大无穷的牛也拉不回来的悲哀。

　　每个人的生活都会充满坎坷，有时甚至是让人难以承受的灾难。相信未来，相信自己，相信在下一次的尝试中自己会做得更好。玫琳凯用她的经历告诉我们，无论发生了什么事情，都要笑着活下去。财富时代，女人不是弱者，把自信当外套，我们也可以像男人一样活出精彩，做最优雅的自己。

　　生活中的我们的条件未必会比玫琳凯的境遇更糟糕，但是却难拥有的是和她一样的心境，面对困境、磨难，依旧相信美好，相信今后会比以前更好。一个人的一生都不是一帆风顺的，如果没有信心，如何才能快乐、幸福地生活呢？

　　自信的女人，热爱生活、热爱事业、热爱家庭、沉稳干练、思维敏捷、内心丰富、高贵典雅、沉着大方，个性充满无限魅力，她们的脸上永远透着自信的光芒，自信的女人活得很精彩！因此，面对人生路途上的坎坷或是挑战，让我们勇敢地相信自己，拥有自信，走向成功的彼岸。

优雅是魅力女人的最高境界

优雅是女人追求的至高境界。谁也无法抗拒岁月的印痕，青春和美貌不会永驻，优雅却会成为无与伦比的恒久魅力。

优雅，是一种高文化修养的表现，是女人魅力的终极体现。

优雅是一种味道，由内而外散发着迷人的芳香。优雅的女人，言语中尽是撩人的思绪，举手投足间散发着成熟女人曼妙的气息。优雅不是先天的，它是悬浮于物质表面一种气度的展示。自信的女人常常带给人一种知性的美，这是后天的塑就，更是优雅的源泉。

优雅是一种内在气质，优雅是一种风度，也是一个人独特的风格。优雅也许带有遗传基因的因素，更重要的是来自后天的修为，靠阅读和培养，靠不断的领悟和思考，更由生活的态度所决定。优雅是装不出来的，举手投足、微笑也许不会出卖你，但是言谈行为和思想能决定你是否被别人认可你属于优雅一类。

优雅是一种感觉，这感觉更多地来源于丰富的内心，智慧、博爱，还有理性与感性的完美结合。

一个容貌美丽的女人未必优雅，而优雅的女人一定美丽，因为她的知识和智慧让你信任，她的细腻与关爱让你依赖。而这智慧、细腻、关爱，你会从她充满迷人女人韵味的举手投足、一颦一笑间体味。

香奈儿女士就是一位优雅女性的代表，由她亲手设计的香奈儿系列香水和香奈儿服装具有开创性的历史意义，香奈儿品牌典雅、简约的美感几十年来征服了全球数亿妇女的心。香奈儿浅黄色的头发温柔地盘在脑后，仪态万方、优雅绝伦，也同样成为数亿妇女学习的典范。在对待工作上，她一丝不苟，甚至达到了严厉、苛刻的地步。这样的优雅，让人觉得可爱也可敬，她让女人们的身体和心灵同时从沉睡中和桎梏中醒来，懂得了自尊与自爱，更懂得了工作着的幸福与独立的价值。

没有哪个女人不想成为优雅的女人，而许多人又常苦于找不到优雅的秘诀，或抱怨缺乏应有的条件而信心不足。优雅，真那么难吗？其实，做优雅女人并不难，不需要很高的条件，秘诀是从身边的小处做起。

首先，让你的神态表情自然而丰富。不要故作冷漠，或是表情木然。尽量多地微笑，可以给人留下深刻的印象，也会令人对你产生好感。

在着装方面应采取精简原则。多重穿衣会令原本苗条利落的身姿徒增许多累赘感，而且领端袖口杂色纷呈会降低形象的品质。不妨为自己添置一至两款价高但线条明朗、风格简洁的棉芯衬衫、羊绒衣，来维持形象的清朗。

最重要的是适度保持自我。过于迁就、盲从大流、无主见的性格会招致反感或让人忽略，感觉不到你的存在。不要强迫自己扮演淑女，更不要走极端，以为异类便能鹤立鸡群。你的谈吐也应当风趣幽默，适度地开些轻松、无伤大雅的玩笑，不仅可以调节气氛，减轻工作中的压力，还可以增加自己的人际亲和力。如果你天生不具备幽默细胞，多翻翻书尤其是幽默漫画，看看电视等，有意无意地储备这些知识，诙谐的灵感便会适时地在头脑里显现了。

其实，优雅并非高高在上，它体现在我们日常生活的每一个细节中。优雅可能是繁忙中桌上的一杯玫瑰花茶，可能是旅途中略带倦意的一次回望，也可能是疾走中掠过唇边的一缕发丝，还可能是运动场上挥拍跃起的一次猛力抽杀……

生活中，的确是有这样一种女人：她们并无沉鱼落雁之容，也无闭月羞花之貌，尤其是韶华已逝、青春不在，但是，她们一举手一投足所流露出来的那种优雅的气质，是令人深深感动的。那种经过岁月的洗礼、沉淀，丝丝缕缕散发出来的高贵典雅，犹如微风中摇曳的兰花，又如同幽谷里静静绽放的百合，令人感动之余，不由得心生敬意。

我们尽可以说优雅无处不在，因为优雅在每个人眼中有不同的美丽。一个女人，在暖暖的午后领着自己的孩子散步，这是母爱所赋予的优雅；与心爱的男人一起甜蜜地旅行，这是爱情所赋予的优雅；在暮色初临的黄昏搀扶着年迈的父母欣赏夕阳，这是亲情所赋予的优雅。

　　一个优雅女人，除了善良的本性，对时尚的领悟、匀称的身材、得体的服饰搭配和淡雅清新的妆容，都是必备的。她懂得如何表现自己，成熟、优秀、文雅、娴静，各种气质与品位都可以在举手投足间得到最好的体现。她可以没有惊艳的容貌，但可以有清新淡雅的妆容；可以没有模特的形体，却可以有匀称的身材；甚至可以没有优越家境的熏陶，却可以与世无争、不争名逐利、闲适恬淡。她有一定的鉴赏的能力，从穿衣、饮食到起居都有独到的眼光，懂得品味生活，懂得把平淡如水的生活调剂得富于生趣。不管何时何地，懂得以宽容的心去包容，去获得独到的快乐源泉。她更是自立、自强的……只有成就这些，才能成就优雅。

　　优雅有着终生学习的特性，它是台阶式的，学一点儿、修一点儿，修一点儿也就提升一点儿，优雅是够一个女人学一生、坚持一生的，它也会让你受益一生。

　　正如一位美学家的名言："优雅是一种由积淀而形成的生命气质与气韵，是与美非常接近的概念，是属于姿态与动作的观念，是心灵的优美在生活的注释和延伸。正是在这姿态与动作的自在、完美、雅致之中，才淋漓尽致展现着优雅的全部魅力！"

在社交中展示优雅的风度

女人风度，是女人在社会交往中最富有吸引力的因素之一，是女人内在文化修养和道德风貌的体现。有的人认为女人的风度美就是指青春、漂亮、身材好等。其实，这是对女人风度美的误解。美的气质不是靠先天的遗传，也不是靠东施效颦式的模仿，而是靠后天长期的培养而形成的，它通过女人的言行举止、表情神态、仪表服饰等自然而然地流露出来。它较之外表美更含蓄，更能够显现一个人的精神。女人要培养良好的社交形象，就必须努力追求风度美。

风度美包括以下几方面：

1. 气质美

气质是一种精神因素的外部体现。如果一个人具有一定的文化教养、理想抱负、情感个性等，就更能显示出气质美。

2. 行为美

行为美是人举手投足等动作中，所透露出的能引发审美联想的一种美感形式。对女人而言，行为美是塑造女人形象，展现其固有美的气质的重要形式。女人行为美的自我培养可以从以下三个方面入手：自尊、自强；举止自然大方，讲究礼仪；加强文化修养，增强文化底蕴。

3. 语言美

语言是人的力量的统帅，是表现人的风度的重要载体和手段，它能塑造人的各种不同风度，而风度又能使语言的色彩和力量得到最大限度发挥。所谓语言美，主要指说话文雅、用字恰当、语气和蔼热情、措辞委婉贴切、态度诚恳谦逊、尊重别人。

语言风度是一个人内在气质的言语表现，是其涵养的外化。如果一个女人风度翩翩，会使她具有强烈的人际吸引力，使人仰慕不已。使自己的语言具有风度，是塑造语言形象的重要途径。

风度是一种品格和教养的体现，培养语言风度，首先要提高思想修养。此外，要使语言风度与自己的性格特征相吻合。风度是一种性格特征表现，各种不同的风度增添了人们交际时的靓丽风采。正如卡耐基所说："不要模仿别人。让我们发现自我，秉持本色。"

具有优雅风度的女人，必然富有迷人的持久魅力。优雅的风度像有形而又无形的精灵，紧紧攫住人们的感官，悄悄潜入人们的心灵，从而给人留下难以磨灭的印象。

那么，女人该怎样培养优雅的风度呢？

1. 锻造美好的心灵

一个人潜藏于内心深处的灵魂境界（诸如人格、人品、情操、格调）的高低，可以直接影响一个人的风度。培养风度，先要培养人格。为人正直、坦率、表里如一、诚实守信，这是最基本的。此外，人品的好坏直接影响人的风度。人品包括责任感、任务感、集体感、荣誉感、羞耻心等。人格和人品都是心灵美的体现。

2. 提高文化素养

（1）学习女人神态。女人神态着重指眼神，因为眼神有传情达意的功能。女性朋友在交往中，切忌乱用眼神。游移不定的眼神、冷漠的眼神往往有举止轻浮或孤傲之嫌，因此要学会用柔和、自然、关切的眼神看人，这样才能体现出自己的修养和智慧。

（2）学会着装打扮。年轻女人的着装除了要体现自己的精神风貌外，还要考虑服装与自己的体形、肤色、性格、气质等的和谐统一。切忌不顾自身状况，盲目追赶时髦。因此需要学一点美学知识，提高审美能力，做到量体裁衣、扬长避短是非常必要的。

（3）学习女人的语言。理想的女人语言应该是语音甜美，语调柔和，语速适中，词汇丰富。要达到这4个要求，首先应保护好自己的嗓子，说话切忌声音过高或尖着嗓音，要学一点发声技巧。其次要把握声音的抑扬顿挫，学会控制自己的语音、语调，你可以跟着电台的播音员练习，体会她说话时的语调和语速控制。此外，平时还要注意积累一些优美的词汇，以丰富自己的语言，以便能自然、流畅、委婉、有分寸地表达自己的思想感情。

（4）学习女人的行为姿态。在社交场合中，应该落落大方而又不失稳重。因此要注意在动作、站立、姿态、体态等方面的礼仪规范。如站时不要左右摇晃，不要弓腰驼背，左右肩不一样高；坐时两脚不要左右分开或腿向前伸直打开；走动时不要太快也不要太慢，身体不要左右晃动等。规范行为姿态除了自己要有意识地调节外，最好学一点艺术体操和古典舞蹈。

（5）多欣赏女人的艺术作品。"女人艺术"包括艺术作品如文学、美术、音乐、影视等所塑造的理想的女人形象。由女艺术家所创作的文艺作品，具有典雅、柔美的特点。在欣赏这些作品和形象时，要准确把握住其言行举止、表情神态、内心活动的描写与刻画，在脑海里再现其栩栩如生的形象，体验其情感历程和言行历程。同时，欣赏一些男性艺术，这有助于形成柔中带刚的女人风度。

3. 认识自身个性与社会角色的关系

每个人的个性都是由许多复杂因素共同作用形成的，不同的人会体现出不同的个性。个性不同，风度迥异。培养风度美，不是要强求个人改变原有的个性和气质，将人套入一个刻板的模式中去，而是引导人们依据自身的个性和气质特征扬长补短，塑造具有鲜明个性特征的风度美。另一方面，每个人都置身于特定的社会环境，而不是在"真空"中生活，每个人的个性、气质都是在相互联系的人与人的社会关系中体现出来的。不同的人在不同的人际关系中充当着不同的社会角色，而不同的环境、场合、气氛，对人的个性、气质也有着严格的限制、不同的要求，并不是由着自己的个性任意表现的。如严肃的场合，需要有严肃的风度；轻松愉快的气氛中，需要有活泼幽默的风度；对老人要有比较稳重的风度；对孩子应有亲昵的风度……不同交往关系、场合决定风度的不同要求。因而，一个人在复杂的社会环境中是多角色的，充当什么样的社会角色，就应按照什么样的风度要求去表现，否则便会丑态百出、贻笑大方。

那么，怎样才能使自己在社交中展示良好的风度呢？

1. 要有饱满的精神状态

愁眉苦脸、心事重重的样子在社交场合是不受欢迎的；萎靡不振、无精打采，别人会感到兴味索然，无法与你交往。但若是精力充沛、神采奕奕，就能使对方感到你富有活力，交往气氛也就自然活跃了。

2. 要有出色的仪表礼节

对女人来说，动人的风度和仪表比美貌更重要。

容貌姣好的人，并不等于她的仪表也美；同样的，举止仪表优美的人，也并不一定容貌漂亮。有些女人虽然面貌平凡，但由于她有优美的风度，反而更吸引人。衣冠不整或者不修边幅的人，常会令人生厌。仪表出众、礼节周到却能为女性增添无穷的魅力。

3. 要有诚恳的待人态度

端庄而不矜持冷漠，谦逊而不矫饰做作，就会使人感到你诚恳而坦率，交往兴趣也随之变浓。但如果你说话支支吾吾、躲躲闪闪，别人就会感觉你缺乏诚意，而从此疏远你。

甩掉不安和扭捏，变得从容优雅

很多女性在与人交谈的时候会显得扭扭捏捏的，这样很不适合与人交流。坐立不安和扭扭捏捏是焦虑的表现，人们在紧张或恐惧时经常会有这样的动作。这样的女性大多是内向的，她们遇到陌生人会害羞。这样的人大多在平时与朋友或家人相处时并不是如此，一般都能神态自若，轻松自如。可一旦碰到陌生人或者地位比自己高的人，就会不自觉地做出一些动作，如：耸肩、缩脖、扭来扭去或点头哈腰等。

这些动作大都是因为不自信或不够沉着冷静才产生的，要想改变这种局面，让自己的动作变得从容优雅，更具感染力，应该从内心加强修养。很对女性之所以会有这种表现，很可能是因为不够自信。一些女性觉得自己的能力或者地位不如对方，就会不安焦虑。

王丽是永达汽车公司的一位销售经理，她的销售业绩在同行业中一直都遥遥领先。在一次接受采访时她讲述了自己的经历。王丽说，曾经的她最不愿与人打交道。20 世纪 60 年代末她出生在一个普通家庭，中学时的学习状况很不理想，因此，她变得非常内向。平时看见老师或学校领导都不敢抬头说话，只敢用眼角的余光观察他们的举动。当坐着和他们讲话时，王丽总感觉自己有逃走的冲动，以致每次都坐立难安，来回动弹，特别紧张时甚至话都说不出来，嘴都不利索了。

高三期间，她因害怕与人交往，好几次都萌生了退学的念头。她记得自己当时的愿望就是将来找一个不需要和人打交道的工作。高中毕业后，王丽在父母的帮助下，勉强考入了一所工业大学。进入大学后，由于不愿与人交流，上课听不懂的也不愿问老师或同学，她仍然是班上的后进生，最严重的一次竟然有14门功课不及格，需要多次补考才能继续上学，这让她感到很丢人。

从那以后，她下定决心要练习口才。她每天会跑到校园空旷处去大声说话，有人时同别人聊，没人时自己翻字典、词典以及各种口才类的图书学习。她还告诉很多同学，说自己要开始学习了，让大家多多帮忙。一年后，她发现自己和以前不一样了，她好像没那么胆小了，嘴好像也听使唤了，和领导说话时也不那么紧张了。学习口才取得的成功让她树立起了人生的自信。她认为，这是人生非常大的一次超越，让她终生难忘。她做销售工作的过程中，也遇到过很多困难，但每次都凭着这种自信挺过来了。

王丽说："我认为，自信心是最重要的。无论是找工作时，还是参加工作后，都会面对很多想象不到的困难，只有自己勇敢面对才能常胜。"

有时候，人的自信心可以让一个不善言谈的人变成一个舌灿莲花的说话高手。所以，即使你特别平凡，也应该有自信。想要建立自信，应该做到：

第一，善于总结自己一天的生活。试着将自己已经完成的工作列一个清单，告诉自己这些都是值得骄傲的事情。不要总是把没有完成的事情挂在嘴边，要知道，需要做的事情往往多于已经完成的事情，如果时刻记着没有完成的事情，很容易让自己变得沮丧，并逐渐对自己失去信心。多肯定自己，有助于自信心的建立。

第二，相信自己。不要把什么事情都看得那么难，其实很多时候成功是很简单的一件事。把一件小事做好也是一种成功，比如，你成功地做好了一道菜；顺利完成了老板交给你的一项任务；成功地爬到了山顶，等等。事情虽小，但也是一种成功，它同样可以为我们的生活增加乐趣。

第三，善于发现自己。不能对自己一无所知，要善于发现自己，重要的是发现自己的优点。如果你还不知道自己有什么优点，可以想想大家对你有什么好的评价，找到了第一条，其他的优点也就会源源不断地涌入脑海。你会发现，原来自己有这么多优点。然后将这些优点进行归类，比如，待人接物方面、与人交流方面、专业技能方面等。

一个人的心态特别重要，也许你保持冷静就有可能会成功；你在一开始就慌了阵脚，又怎样想出解决问题的策略呢？就像诸葛亮，他如果在使用空城计时表现得慌慌张张，让司马懿看出了破绽，也许他早就没命了。可并不是所有人都能在遇到事情时保持冷静，甚至有些人遇到一些并不算问题的小事都会紧张不安，不知如何处理。其实，如果你这个时候可以冷静下来，很多问题就会迎刃而解。即使一时无法想出具体的解决办法，你表现的冷静和气度也会让你的魅力提升。

想让自己时刻都保持沉着冷静，可以从几方面入手：

（1）适当发泄。繁重的工作和复杂的人际关系也是容易让人紧张的重要因素，这些都是交往中不可避免的。有了不良情绪不要压在心底，以免越积越多，要找到一种合理的发泄方法。比如，可以选择一个没人的地方大喊几声，将内心的不满发泄出来，声嘶力竭之后，你会感觉特别轻松。

（2）自我放松。通常情况下，紧张、焦虑可以在短期内慢慢自行好转，但如果有了主观能动性，速度有可能加快。具体方法：把自己的注意力转移到其他事物上，新的感觉也许会取代你的焦虑和紧张。比如，当你遇到领导、长辈或身处重要场合紧张不安、坐立不宁的时候，可以将注意力转移到某个人的服饰、发型或某个建筑物上，以此来消除你的紧张心理。还可以用心理暗示的方法鼓舞自己，告诉自己"没什么大不了的"。

（3）培养调节自己情绪的能力。喜怒哀乐是每个人都有的情绪，很多人并不是不会发脾气，而是很多时候他们都压制了自己的情绪。大家可以通过练习瑜伽、听音乐、冥想等方法来帮助自己放松，可以学习一些专业知识来增强自己的工作能力，让自己更加适应周围的环境。

（4）饮食调节。容易紧张不安的人最好不要喝太多的咖啡和浓茶，可以多吃富含维生素的水果，如苹果；多吃全麦谷类食物。

（5）呼吸训练法。坐好后将身体向后靠，双手伸展平放于肚脐上。用鼻子深吸一口气，2秒钟之后用嘴呼出。吸气和呼气的时间各保持4秒钟，每天坚持练习。

坐立不安和扭扭捏捏有些时候很可能会毁掉你一个难得的发展机会，成为你前进道路上的绊脚石。坚决甩掉不安和扭捏，让自己变得更加自信，更加沉着冷静，以从容优雅的姿态面对每一个人。

第六章

豁达做人，
心宽的女人泪窝浅

对别人的小过失、小错误不要斤斤计较

傅勒说：一个人不肯原谅别人就是不肯给自己留有余地，须知每个人都有犯过错而需原谅的时候。所以说，我们要做一个宽容、豁达的女人。宽容的女人有一种非凡的气度，是对人对事的包容，是善解人意、和蔼可亲；宽容的女人有一种博大的精神，是比海洋和天空更宽阔的胸襟，说话总是和颜悦色、大大方方。

在生活中，人们或多或少地会犯点小错误。面对这些小过失，有些女人过分追求事物的完美，便开始斤斤计较。殊不知，这样的做法只会让自己失去更多。有些女人就比较聪明了，她们不会抓住一点儿小错误，斤斤计较，惩罚别人，惩罚自己。

有这样的一个故事：

小语带儿子冬冬到度假村玩，由于那天去游玩的孩子比较多，工作人员一时疏忽，将冬冬留在了网球场。等工作人员找到冬冬的时候，他正在空旷的网球场上哭泣。

小语走进球场时，看见工作人员正在安慰哭泣的冬冬。小语蹲下来安慰儿子，并且告诉他："没关系！儿子，你看，那个姐姐因为找不到你非常紧张，非常难过，她不是故意的！现在，你可以原谅她吗？"

听妈妈淡定地说着这些话，冬冬果然不哭了。

"儿子，你可以亲吻姐姐一下吗？她现在非常难过哦！"

说完，冬冬踮起脚尖，轻轻地亲吻了一下工作人员的脸，并且柔声地告诉她："不要害怕，已经没事了！"

瞧，这就是一个宽容的女人。小语善于站在对方的立场着想，善于设身处地地为别人着想，并且尊重他人，用自己开阔的心胸容纳别人，原谅别人对孩子的伤害。如果是换作别的父母，相信先会批评或怒骂工作人员，然后抱着孩子说再也不来了！可是，在父母生气的过程中，孩子会感到更害怕。

每个女人一生都会遇到很多不顺的事，如果一遇到事就斤斤计较，不能坦然面对或抱怨的话，那么最终受伤害的只有自己。

相比宽容的女人，有些女人做什么事情都是斤斤计较、心胸狭隘的，她们常常对自己的错误熟视无睹，却对别人抱有一丝成见，总戴着有色眼镜去看人，对别人的小小过失锱铢必较甚至睚眦必报。随着时间的变化，她们的积怨越来越深。正所谓"冤家宜解不宜结"，女人们还是宽容一些吧！

如果你非要认真计较的话，那每天都可以找出很多件值得斤斤计较或是生气的事情。比如：因同事犯错而受连累、被人诬害、遭人冷言讥讽等。有的人不会马上发作，却暗自把这些事情记在心里，伺机报复。这种仇恨心理，不会伤害别人，只会影响自己的好情绪。在这个问题上，有的女人处理得好，有的女人处理得不好。处理不好这些的女人，又怎么会招人喜欢？又怎么会拥有和谐的家庭和朋友关系呢？

静静的脾气很糟糕，动不动就与人吵架，活脱脱像个骂街的泼妇。也因此，她周围的朋友、同事都不喜欢她，不愿意和她有任何瓜葛。

就这样，每天静静都是独自上下班，午餐也一个人解决，很是孤单。为了改变现状，静静决定改变自己，但她的改变并没有让同事、朋友对她改观。

后来，静静无意中来到了大德寺，遇到一位大师在讲佛法。听完禅师的一番话后，静静感到很愧疚，深深地意识到了自己的错误。

静静对大师说："师父！今后我再也不与别人发生口角、打架了。就算是别人把唾沫吐到我脸上，我也会忍耐地拭去，默默地承受！"

"那就让唾沫自干吧，别去拂拭！"大师轻声说道。

静静听完后，继续问禅师："那如果别人继续骂我，我应该怎么做呢？"

"一样呀！不要太在意！只不过骂你几句而已，又不会伤到你的身体。"大师微笑着说道。

这时，静静觉得不可思议，甚至觉得大师在戏弄她。于是，静静就忍不住骂了大师，还说："大师，您现在什么感觉呢？"

大师不但没有生气，反而非常关切地说道："我倒是没什么，不知道你骂得口渴了没有？"

静静无言以对，只得低头认错。

像大禅师这样的境界，有很少人会做到。在红尘之中，拥有一颗大度包容的心还是不可缺少的。如果一个女人气量狭小，遇事斤斤计较的话，那就会在生活中处处碰壁，有着挥之不尽的烦恼。如果能以实际行动来理解，来包容别人的话，也会得到别人同样的理解和包容的。如果静静也能够像大师那样，遇事忍一下，相信很快就会重新获得朋友的。

在家庭生活中，只有那些大事不糊涂、小事不斤斤计较的女人，才是真正懂得生活智慧的女人。要知道，一个家总有一摊子事，如果每件鸡毛蒜皮的小事都去计较的话，那这个家就未免太累了。

比如：如果夫妻之间总是因为无关痛痒的事情就发生口角，那时间长了势必会伤害到感情，从而导致爱情消失。

乐乐是一个比较追求完美的女人，在与男友相恋两年后顺利步入婚姻。结婚以后，乐乐就开始挑丈夫的毛病。比如：拖鞋摆放不正啦；马桶的盖子忘记了放下……

当然了，乐乐非常爱自己的丈夫，只是无法忍受丈夫的小过失。就这样，原本很和谐、温馨的家庭，就变得冷冰冰了。

其实，宽容才能让感情维系长久，埋怨只会让彼此变得疏远，从而让爱情更早地被葬送。像乐乐这样，总是把精神绷得很紧，不允许别人犯错误的态度，难免会让别人觉得窒息。这样下

去的结果，只会是伤害了自己

试想，如果有一个人天天在背后或周围检查你、监督你，不给你自由的呼吸和舒适感，你又会有什么感觉呢？当然是生不如死！虽然斤斤计较不会伤害别人的身体，但却会深深地伤害一个人的心。如果心都不在了，那爱情、婚姻还会长久吗？

在生活中，女人一定要摒弃斤斤计较之心，做一个宽容大度的女人。只有这样，才会维持好自己的人际关系圈，成为一个快乐的、有魅力的女人。

任何成果和成就都应和别人分享

有句俗话说：一份快乐，分给两个人，那快乐就会增加一倍；一份痛苦，分给两个人，那痛苦就减少了一半。像这样梳理坏情绪和散发好情绪的事情，何乐而不为呢？

如果你有件快乐的事情，与朋友分享，那朋友也会为你感到快乐，这样快乐就从原本一个人的快乐变成了两个人的快乐；如果你为某些事感到痛苦，与朋友分享，那朋友就会为你分析，并帮助你做出正确的决定，这样痛苦就从原本的苦不堪言变成了一种理想的选择和对待。

有一个这样的故事：

玲玲从小家境不太好，她懂得分享是从姐姐分苹果、分荷包蛋的那次。

记得那次，姐姐从包里掏出一个大苹果，用袖子擦了擦，笑着递给玲玲。玲玲着急地对着苹果就是一大口，然后又不舍地递给姐姐。当看到姐姐轻轻咬了一口又递给她时，玲玲这才松了一口气。她觉得嘴里的苹果特别好吃，比自己单独吃一个苹果还好吃。

玲玲一家的生活简单而朴素，但是也充满了爱和快乐。

有一次，一家四口吃着晚饭，气氛和谐而宁静。晚饭很简单，一人一碗面条，玲玲和姐姐的碗里各有一个荷包蛋，而爸爸妈妈的碗里却没有。姐姐发现后，用筷子把她碗里的荷包蛋夹成两半，将另一半夹到妈妈的碗里。玲玲也学着姐姐的样子，将荷包蛋夹成两半，把另一半夹到爸爸的碗里。

"你要多吃一点儿，正是长身体的时候。"爸爸妈妈边说边把那一半蛋又夹回到她们的碗里。可玲玲和姐姐再次夹起来又放到爸爸妈妈的碗里。

就这样，谦让了半天，在泛黄的灯光下，一家四口静静地吃着，玲玲和姐姐的脸上流露出幸福的表情，似乎就连空气中充满了爱和关怀……

虽然这只是一个再普通不过的故事，但我们却看到了一家人的温馨和关怀，也让我们明白了：有些东西独自拥有不足以快乐，和大家分享才是真正的快乐。

分享是一种美妙的交流方式，如果一个人看到了美景奇观，有了美妙的体验，但却丧失了向他人诉说和分享的机会，那他就会丧失这种快乐。

相反，如果能够随意向别人诉说和分享，那么即便是没有多么大的事情，闲聊中也会感到无比的快乐。或许，这就是分享的魅力吧！

有这样的一个故事：

周末时，张女士和同事郑女士到鱼池钓鱼，她们想着各凭本事，能够在对方面前一展身手。没多久工夫，两个人都钓了不少的鱼。

看到她们钓了这么多，有不少游客纷纷来观望，想看看她们到底能钓多少鱼。有些游客很是羡慕，还到附近买了渔竿来试试自己的运气如何。

没想到，这些不擅长钓鱼的游客，不仅没有钓到鱼，还浪费了时间和金钱。这两位钓鱼高手完全是不相同的个性，张女士是不爱搭理别人，单享独钓之乐，而郑女士却是个热心、豪放、爱交朋友的人。

看到游客钓不到鱼，郑女士就大方地说："这样吧，我来教你们钓鱼，不过我有一个条件：如果你们学会了钓鱼的诀窍，而钓到一大堆鱼时，每十尾就要分给我一尾，不满十尾的就不必给我。怎么样？"

游客一听，还有这样的好事？于是，就纷纷点头答应了。

教完这一群人后，热心的钓鱼高手又到另一群人中传授着钓鱼之术。

一天下来，郑女士在没有钓鱼的情况下收获了很多的鱼，还认识了一群新朋友，那些朋友们左一声"老师"、右一声"老师"地叫着，她很是高兴。而张女士却没享受到与人分享的乐趣。当大家互相陪伴、闲聊的时候，张女士就显得孤单落寞了。

性格不同，遇到事情的反应不同，结果也是大不相同。热情好客，愿意与他人分享的郑女士在没有垂钓的过程中，不仅收获了不少的鱼，还认识了不少朋友；而喜欢独自一人的张女士得不到和他人交流、分享的快乐，实在是令人惋惜啊！当你帮助别人获得成功的时候，自然也会收到别人丰厚的回报，这种回报也是与人相处之中收到的一些温暖。

一个人活在这世上，不要害怕"受人利用"，要多多给予别人帮助，即使自己的付出没有得到回报，也不要郁郁寡欢。

其实，一个人的快乐并不算快乐，大家快乐才称得上是真正的快乐。俗话说得好：独乐乐不如众乐乐。这句话不仅是生活哲理，也是做人之道。懂得与人分享，生活才会变得更加美好。

当我们有了什么快乐的事情或幸福的事情，要懂得与亲人分享。只有这样，我们才会让周围的人感到快乐和幸福。

当然了，我们可以与人分享的不只是快乐，还有其他的一些东西，比如：金钱、情感、财物、荣誉、礼物、美食、新奇事物、笑话等。

现如今，现代社会是信息社会，每个人都是一个信息源。因此，女人要定期将自己所收到的信息与朋友们分享，从而讨论、交流，增添彼此间的感情。或许，在这些情报中，你还可以获得意想不到的收获呢！

宽容令你更具气质魅力

莎士比亚曾说：不要因为敌人燃起的一把怒火烧伤自己。富兰克林也曾经说过一句话：对于所受的伤害，宽容比复仇更高尚。因为宽容所产生的心理震动，比责备所产生的心理震动要强大得多。

什么是宽容呢？宽容就是不计较，事情过了就算了。每个人都有错误，如果执着于其过去的错误，就会形成思想包袱，不信任、耿耿于怀、放不开，限制了自己的思维，也限制了对方的发展。即使是背叛，也并非不可容忍。能够承受背叛的人才是最坚强的人，也将以他坚强的心志在氛围中占据主动，以其威严更能够给人以信心、动力，因而更能够防止或减少背叛。

如果能够宽容别人的话，那么不单单是自己，还是在帮助别人释放心理垃圾。在宽容的过程中，还能够收获到友谊或其他方面。

在生活中，如果别人伤害了自己，千万不要只顾着怨恨，而是要想着宽容，并避免被别人再次伤害。可以说，宽容别人不仅是自己的一种美德，还是让自己健康长寿的秘诀。因此，女人应该学会宽容。

宽容是一种仁爱的光芒、无上的福分，是对别人的释怀，也是对自己的善待；宽容是一种高贵的品质、崇高的境界，是心灵的丰盈、精神的成熟；宽容是一种生存的智慧、生活的艺术，是看透了人生后所获得的一份从容和自信；宽容是一种非凡的气度、宽广的胸怀，是对人对事的包容和接纳。

其实，谁都会遭遇一些挫折或失意，也会有生活和工作中的压力。要做好自我调节，女人应开始学会适时饶过自己，理性地面对现实，扔掉自己的坏情绪，用宽松的心态去面对身边的人或事，让自己拥有一个健康的身体和愉快的心情。

在孙女玛丽尔出生四个月后，著名作家海明威自杀了，死于抑郁症及酗酒。海明威是这个家庭第四个自杀的人。从此以后，酗酒、吸毒、精神病、抑郁症等病症就一直缠绕着这个家庭。

玛丽尔长大以后，就刻意摆脱海明威的诅咒，但是她还是无法摆脱——因为总有一个声音对她说："你不好。"慢慢地，玛丽尔变得非常自卑，尤其是对自己的外貌：她的脸很宽，胸脯很扁，腿又瘦又细，而且说话声音很难听。

其实，像她的这种情绪在很多人身上都出现过。据了解，海明威十分注意自己的体重，他所住的每个房子的厕所墙上都写着自己的体重数。或许是因为受到长期的影响，玛丽尔的姐姐也因为身体问题受压抑，最后无法忍受选择了离开这个世界。

不难看出，这个家庭有一种灾难性宿命，这些事情对年幼的玛丽尔来说，都不是很好的征兆。

慢慢地，玛丽尔开始担心自己会像家人那样发病，所以她变成了一个控制狂，尤其是控制自己的饮食。一直以来，她都保持着一个习惯，比如：吃完上顿就想下顿该吃什么、不吃什么。在饮食方面，玛丽尔从不放纵自己，因为在她眼里，精神病和抑郁症不能控制，但自己的饮食和生活习惯可以受自己控制。她严格地锻炼自己，严格控制着自己的饮食习惯。

玛丽尔认为，只要自己控制好饮食和生活习惯，那么她的那种自卑就会消失。然而，它从来就没消失过。

后来她发现，她越是担心、越是焦虑，就越放弃不了自卑的这种想法。相反，当她停止控制自己、开始宽容和忘却的时候，却觉得轻松了。后来，她找到了一种比较好的方法，就是爬山。当她发觉自己不快乐、压抑的时候，她就会到外面去，去爬爬山。

一次，玛丽尔感到很不开心，觉得自己像"一个完全没有吸引力的东西"。于是，她选择了去爬山。当她走在林中小路上的时候，觉得自己快乐极了。等她回到家里，一照镜子，发现自己似乎变得不一样。其实她并没有什么变化，她还是穿着同样的衣服，一磅也没减，她看着镜中的自己说："嗯，你看着不错。"她能有这样的变化，是因为她宽恕了自己，放弃了那些让自己烦恼的思想。

现如今，玛丽尔已经 55 岁了，并且已经学会了宽恕自己，找到了让自己能够快乐的事情和方法。

就像玛丽尔一样，有很多女人常常不能放过自己，不能够宽恕自己，让生活或工作中的各种琐事让自己烦恼。其实，事实未必像自己想的那样。因此，女人们要学习超越自己的头脑，放弃那些影响自己情绪的想法。

聪明的女人不但要学会潇洒地放过别人，还要学会宽容自己。当然了，学会宽容自己、放过别人是需要勇气的。女人们不是神仙，不是不食人间烟火的神仙姐姐，没有办法把生活过得风轻云淡。在这个时候，我们就应该学习一下玛丽尔，找到让自己变得轻松的好方法，比如：爬山。

当学会宽恕自己，不再自我虐待、自我否定的时候，你就会保持一种良好的心情，脸上露出微笑，从而更懂得爱。

常怀一颗感恩之心

感恩是爱的种子，也是一种生活态度，是一种不忘他人恩情的情感。如果一个女人具有感恩之心，那么她一定是有魅力的！

什么是幸福？有的人说幸福就是有一个健康的身体；有的人

说幸福就是有一份稳定的工作；有的人说幸福就是有一位深爱着你的人；有的人说幸福就是有一个帮你、值得信赖的朋友；有的人说幸福就是常怀一颗感恩之心。

有这样的一个故事：

意大利有个女探险家独自穿越了塔克拉玛干沙漠。当她走出沙漠之后，她面对沙漠跪下来，静默良久。

有记者问为什么时，她极为真诚地说："我不认为我征服了沙漠，我是在感谢塔克拉玛干允许我通过。"

的确，人类的一切都是大自然所赐予的。对于这个世界，人类不可能有征服它的能力。相反，人类需要的是怀有一颗感恩的心，这样人类才有可能生生不息地传承下去。

感恩，是我们在失败时看到差距，在不幸时看到危机，获得温暖，激发我们挑战困难的勇气，进而获取前进的动力。有句话说得好：你用什么样的眼光看待世界，那世界在你眼中就是什么样子。

在我们不懂得感恩的时候，可以想一想我们饿不着肚子、冻不着身子、有遮风避雨的住所，有爱护自己的亲人，有一起诉说和玩乐的朋友……想想这些，我们还有什么不满足的呢？还有什么和自己过不去的呢？其实，学会感激，不过是学会逐渐拥有一个对生活的态度罢了。无论是遭遇什么样的环境，只要我们常怀一颗感恩之心，那么挫折、难题都会慢慢离我们而去。

一位单身女子刚搬了家，隔壁住了一户穷人家，一位寡妇与两个小孩子。有天晚上，那一带忽然停了电，那位女子只好自己点起了蜡烛。

没一会儿，忽然听到有人敲门。原来是隔壁邻居的小孩子，只听他紧张地问："阿姨，请问你家有蜡烛吗？"女子心想：他们家竟穷到连蜡烛都没有吗？千万别借给他们，免得被他们依赖了！

于是，女子对孩子冷冷地说："没有。"正当她准备关上门时，那个小孩露出关爱的笑容说："我就知道你家一定没有！"说完，竟从怀里拿出两根蜡烛，说："妈妈和我怕你一个人住又没有蜡烛，所以让我带两根来送你。"女子顿时感到很愧疚，尴尬地拿过蜡烛。

只有懂得感恩，永远怀着一颗感恩之心，才能够更懂得爱。如果你想与其他女人有明显的区别，想拥有吸引人的魅力，那就要拥有一颗感恩之心。如果心中没有真正的感激之情，那就不可能享受美好的事物，获得意想不到的注意力。

在平时，女人们应该多想一些令你觉得心怀感激的事，让自己全心全意地沉浸其中，比如：父母的健康长寿；朋友对自己从来不间断的关爱；从舒适的床上悠悠醒来，就有早餐可吃……不要抗拒、不要保留，就让自己淹没在感恩的洪流里吧！

女人们，时时心存感激之念吧！这样的话，你的生活将会更加丰富多彩。

如果你就在窗户旁看看窗外，那就认真地看看周围以及那些正在为了生活奔波、吆喝的人们，或是让你得以看见眼前美景的日光，然后大声地说一句"谢谢"。

如果家里冰箱里装满了各种食物，能够在你饿的时候提供帮助，那可以在打开冰箱门的那一刻，深深吸上一口气，然后轻轻地说上一声"谢谢"。在这个时候，相信你的胃口和心情也会变得好一些。

女性朋友们，请拥有一颗感恩之心吧！感谢父母给了我们生命，感谢生活给了我们阳光，感谢命运让我们遇到了相伴一生的人。心存感恩之心，才会让我们变得更加漂亮、更加动人。

在生活中，我们要感恩父母，因为父母给了我们生命，含辛茹苦抚育我们成人；在阳光灿烂的日子里，送你一片晴空；在飘雨落雪时节，为你撑起一把温情的伞……

在生活中，我们要感恩老师，因为老师是指引人生道路的明灯，是屹立在一旁的起航时的灯塔。可以说，老师是我们的第二父母，在我们的成长道路上，是他们给了我们许多知识，并以严格的要求鞭策着我们，让我们不断前进，不断进步。

在平时，我们要感恩生活，是生活让我们懂得了许多道理，品尝了成功的喜悦、失败的泪水……正是在一日一日的历练中，我们一点点长大了。

我们还要感恩朋友。在漫漫的人生长河中，是缘分安排了我们相遇，并让我们懂得了朋友是一份灵犀相通，是一份默契，是与自己分享"酸甜苦辣"的对象，是世界上除了父母最理解、包容、接纳、慰藉你的人，朋友带给你更多的是感动！

平常心，心灵的"除尘器"

做人要怀揣一颗平常心，如果没有平常心的话，那在日常生活中就会患得患失，甚至变得自私自利，从而让心灵无法得到真正的平静。有一颗平常心，是为了更好地进取，不然的话，人生就会在原点打转，永远看不到山顶的风景。

做人就像是登山，每个人都是从山脚下出发，然后一步步登上峰顶。只要心怀一颗平常心，勇敢地昂首阔步，慢慢地，你就会发现，自己已经到达了人生的顶峰，并且可以低着头看自己走过的路了。

作为一个有魅力的女人，不要指望每一次付出都能够得到回报，也不要指望自己的平常心会让自己失去很多。随着时间的变化，你的平常心一定会在日常的工作、生活中，得到一定的回报。与此同时，你的一颗平常心还能够给别人留下一个好的印象，比如：有宽容的气度，有广阔的胸怀。

苏女士年轻漂亮，拿着高薪，有一位贴心的老公、可爱的儿子。本来一家人生活得很美满，但却因儿子的虚荣心发生了一点儿改变，令人很是担忧。

某天，儿子看到其他同学都有车接送，就问她说："他们凭什么都有私家车，而我们没有。我什么时候成为百万富翁啊？等我有了钱，一定要买最好的车。"

听着儿子的唠叨，苏女士没有接话。回家后，苏女士把这件事告诉了老公，两个人经过商量，决定要改变儿子的这一想法。

周末时，苏女士带着儿子去见一位朋友，是身价上千万的富豪。去的路上，苏女士对儿子说，可以跟那位富豪学习如何成为富豪的秘诀，儿子一听很是高兴。

到了地方后，小男孩迫不及待地问富豪："我什么时候能拥有你那么多的金钱啊？"

富豪略加思索了一下，接着不紧不慢地说："我宁愿把所有的资产都给你，以换取你的年龄。"

的确，金钱可以买来世间许多东西，唯独买不来青春和生命，年轻就是无价的。物欲横流的社会向你展示了太多的诱惑，一位好女人应该用平常心去对待人生，也应该感染身边的人，用平常心去面对一切。人生在世，来也匆匆，去也匆匆，活出生命的质量，秘诀在自己手中。

虽然我们不能进入一种无我、心外无物的境界，但可以努力地让自己做到临危不惧、临辱不惊的程度。即便是还做不到的话，那起码也要做到：在成功的时候，不要得意忘形，失败时也不要灰心气馁，以一颗平常心坦然处之。

在如此紧张和快节奏的生活下，如果能够拥有一颗平常心，那就会拥有"宠辱不惊，闲看庭前花开花落；去留无意，漫随天外云卷云舒"的那份自在的幸福人生。这才是我们所想要的真实而快乐的人生。

在生活中，女人能够拥有"平常心"与"大气度"，是一件可贵的事情。有了平常心之后，才能在攀登高峰的过程中处变不惊。试想，一个心胸狭小的女人又怎么能在各种场合谈笑风生，获得成功呢？

在公司要裁员的名单公布以后，内勤部办公室的小灿和小燕都在其中。按规定，她们得一个月后离岗。

那天，知道她们要离开的同事都不敢和她们多说一句话，要知道，这种被迫离职的事情，摊到谁身上都难以接受。

第二天上班，小灿的情绪非常激动，谁跟她说话，她都像是吃了火药一样，弄得周围的同事都很难堪！可是，裁员名单是上级领导定下来的，跟其他人又没关系，甚至跟内勤部都没关系。当然了，小灿也知道这个原因，但她心里就是非常憋屈，不敢找老总去发泄，还不能找杯子、文件夹、抽屉撒气啊！

这天，"砰砰""咚咚"的声音打破了安静的办公室，同事们你看看我，我看看你，都不敢说话，还是多一事不如少一事吧！

但是摔摔小东西，并不能够让自己出气。于是，小灿就去找主任诉冤，找同事哭诉。

"凭什么把我裁掉？我干得好好的……"说着说着，小灿就流下了眼泪，听的人是心里酸酸的，恨不得能够让自己下岗，让小灿留下来。不过大家只是这么想而已，小灿的行为并没有让大家做出什么可以留下她的举动。原本办公室订盒饭、传递文件、收发信件的活儿是小灿做的，但是现在也无人过问了。

没过多久，小灿找了熟人到老总那儿说情，似乎是什么重量级的人物。那几天，小灿高兴了好几天，因为自己不会被离职了。可没过几天，上面就发布说这是不能调配的，无法通融。小灿再次受到打击，用异样的目光在每个人脸上刮来刮去，似乎有谁在背后捣鬼，不愿意让她留下来。

慢慢地，同事们都害怕小灿的那种眼神，甚至躲着她走了。

相反地，小燕就很讨人喜欢。同事们早已习惯了这样对她："小燕，把这个打一下，快点儿！""小燕，快把这个传出去。"小燕总是连声答应，并迅速地做好。

裁员名单公布后，小燕哭了一晚上。等到第二天上班也无精打采，可一打开电脑，拉开键盘，她就和以往一样地干活儿了。刚开始，大家还挺不好意思，让她做这个做那个。于是，小燕便主动跟大家打招呼，主动揽活儿。

她说："是福跑不了，是祸躲不了！反正已经这样了，那还不如干好最后一个月，以后想干恐怕都没机会了。"在忙碌的工作中，小燕的心情也渐渐平复，勤劳地打字复印，随叫随到，坚守自己最后的一班岗。

一个月的期限到了，小灿如期下岗，而小燕却从裁员名单中被删除，留了下来。当时，主任传达了老总的话："小燕的岗位，是谁也无法替代的！像小燕这样的员工，公司永远不会嫌多。"

由于小灿和小燕的心态不同，所作出的反应不同，于是结果也不同了。原本都要离职的两个人，由于小灿采取了破罐子破摔的消极状态，她真的在一个月之后离职了。可小燕却坚持站好自己的最后一班岗，创造自己的价值。慢慢地，公司的人就发现了她的价值，从而让她免除了这次灾难。

由此可见，不同的态度会带来不同的结果。有句话叫"不以物喜，不以己悲"，明确地道出了如何做人、看待事物的心境来。可以说，能够保持一颗平常心，也是为自己、为周围的事物和人寻找一个平衡点。有了这种平衡，女人就会少一些焦虑，少一些浮躁；多一分安逸，多一分恬静，从而让自己变得快乐一点。

开放你的胸怀，释放自己的灵魂

法国作家雨果曾说："世界上最广阔的是海洋，比海洋更广阔的是天空，比天空更广阔的是人的胸怀。"如生活伤害了你，千万不要一味埋怨，豁达宽容才能成为生活的强者。宽容，不仅是一种美德，更是让我们能够健康长寿的秘诀。

拥有宽容心态的女人，她是生活的智者。宽容是一种生命的境界，一种内在的修养。女人的宽容，是一种对人对事的包容和接纳，是看透了生活百态之后的那份从容与安定，更是对自己的善待。

女人遇事如果能够宽容以待，不但可以及时地释放自己的内心压力，而且还能将心比心地得到别人的宽容。

有这样一个故事：

一天，两个失落的男孩一起来到一个林场里玩耍。他们为了发泄心中的不满，恶作剧般地点燃了那片树林。大火渐渐蔓延起来，他们想象着人们在看到大火时的惊慌失措，觉得真是棒极了。

但是令他们万万没想到的是，因为他们的恶作剧，一名年轻的消防员在扑救火灾的时候不幸牺牲了。这名年轻的消防员年仅21岁。他是在全力以赴地履行自己的职责时，被落下来的树枝砸倒后烧死在树林里的。更让人难过的是，这名消防员，幼年丧父，是他的母亲含辛茹苦地将他抚养成人的。母子俩的生活充满了艰辛，他很爱自己的母亲，并发誓将来长大成人后一定会好好地报答她。然而，就在他参加工作的第一个星期，甚至连一次薪水都没有领到，就因公殉职了。

政府在查明这是一起蓄意纵火案后，向整个社会都发出了通缉。市长表示一定要将罪犯抓捕归案，让他们接受严厉的惩罚。看到电视报道的人们都愤怒了，纷纷谴责这个纵火犯。警察开始四处搜捕，两个男孩也被列入了嫌疑的范围。这一切的一切，是这两个男孩未曾想到的。听着来自社会各界的愤怒声讨，他们陷入深深的悔恨、自责和恐慌之中。

电视上除了报道案件的进展，媒体的目光更多的是定格在那位消防员的单身母亲身上。她接受采访时说的话，让所有的人都为之震惊。她是这样说的："儿子的离开，让我感到非常的伤心。但是，现在我只想对制造火灾的孩子说几句话——我知道你们现在生活得一定很糟糕，很可能生不如死。作为这个世界上最有资格谴责你们的我，只想对你们说，孩子们，请你们快回家吧，你们的家人也一定非常想念你们，为你们着急。孩子们，只要你们回家，我会和上天一样宽恕你们的……"

看到电视上的那一刻，所有的人都沉默了，他们本以为会等来这位母亲的哀伤或深深的愤怒，没想到看到的是这样感人的宽恕。更令人们意想不到的是，就在这位母亲在媒体上发表讲话一个小时后，在邻县的一家小旅馆里，两个男孩投案自首了。

两个男孩在做笔录时告诉警察，就在那位母亲发表电视讲话的那一天，他们因为承受不了社会巨大的舆论压力，买了两瓶安眠药，准备一起自杀。就在此时，他们在旅馆的电视里看到、听到了那位母亲的心声。那一刻，他们悔恨当初，泪如雨下，于是，丢弃了安眠药，拨通了警局的电话……

如今那两名莽撞无知的男孩都已为人父，他们时常带着自己的孩子去看望那位可敬的母亲。她——已经是他们内心深处的另一位母亲。

一个悲剧的故事以这样温馨的结局收尾了。大家不难想象到，如果当初这位母亲说出的是另一番谴责的话语，那么这两条鲜活的生命也将从此消失在这个世界上，他们的家庭也就永远失去了欢笑。

真是一位伟大的母亲，她的宽容与包容，拯救了两颗幼小的心灵，拯救了两个鲜活的生命，这位母亲才是世间最美的女人。懂得宽容的女人，是生活的智者，她们心胸开阔，善事理，勇于开拓。宽容的女人，拥有良好的修养，拥有一颗仁爱的慈心。

女人如果想要成为生活的强者，就应当豁达大度，笑对人生的起起落落。有的时候，一个微笑、一句幽默，一个包容的眼神，也许就能化解彼人与人之间的怨恨和矛盾。懂得宽容的女人，会有一颗恬淡、安静的心，去面对多变的生活。

宽容是女人一种高贵的品质、良好的修养，是女人一种成熟的象征。宽容的女人是极富魅力的，宽容才能得到对方的尊重。女人并不是因为长得好看而吸引人，而是因为有魅力而迷人。漂亮或许是与生俱来的，但魅力就不同了，她是靠后天的内外兼修所形成的一种独特的气质，宽容正是这种高素质的修养。

宽容是人类一种最美好的感情，宽容别人的人，能够站在别人的角度去看问题，把别人看作是自己，懂得替别人着想，包容别人与自己相差的地方，包容的同时其实也是在善待自己。

成熟的女人会很迷人，而学会宽容正是女人成熟的一个标志。做一个心胸宽广的女人，宽容能够让我们用博大的胸怀去包容这个世上的一切，不要为无谓的事而伤神，更不要去怨恨他人，宽容生活，才能勇敢面对自己的人生，才会让我们拥有一个从容祥和的生活，才能让我们活得更轻松、更洒脱。宽容别人，也是在宽容我们自己，多一些对别人的宽容，我们的生命里就多了一些朋友。

女人，让我们从一言一行开始，修炼一颗宽容之心吧，愿我们能够拥有比海洋还广阔的胸怀，去拥抱自己的生活，这才是人生最有意义的事。

压力，也是上天赐予的幸福

古人说得好：生于忧患，死于安乐。换句话说，一个人如果没有对手，那他就会甘于平庸，养成惰性，最终导致碌碌无为。所以修炼气质女人就应适当给自己一点儿压力，只有这样，才能产生忧患意识，有了忧患意识，才能更好地发挥自己的潜能，变压力为动力，在忧患中找到新的人生突破。

世界上没有绝对平坦的路，也没有绝对平坦的人生。这句话适用于所有人！每个人都希望自己的人生道路是一帆风顺、能够心想事成的，但这是不太现实的。

有些女人一旦有了压力，就会愁眉苦脸，郁郁寡欢，甚至要死要活的。此时，女人们不要忘记一个真理，那就是：不经历风雨，怎能见彩虹？

对于女人来说，压力也是一种幸福，是成长中的必需品。压力能够让一个女人变得更加努力，更加有智慧，也能够让一个女人与成功失之交臂。

有这样的一个故事：

一家投资银行要招聘三个操盘手，林小姐对这家银行向往已久，而且觉得这个职位很锻炼人，虽然她的专业不是跟金融有关的，但还是想去试试。经过两轮筛选，刷掉了150多人，剩下8人进入面试，林小姐也在其中。

面试那一天，林小姐将自己精心打扮了一番，镜子里的她更显得容光焕发，又不失文雅干练，林小姐越发有信心了。

林小姐提前10分钟到了面试地点，其他几位面试的早已到了，相互介绍一番便闲聊起来。

正说着，一个漂亮的小姐走来叫她们抽签，林小姐抽到8号，那小姐又叫她们都到二楼的小会议室面试，而且这次面试很特别，一人面试，其他选手不用回避，可以旁听。

对此，8个面试者都十分诧异。进了二楼的小会议室后，她们更诧异了：房间里有个大屏幕，大屏幕里面有几个金融界的重量级人物，就是面试官。墙角的四周都挂着摄像头，气氛一下子紧张起来。

接着，面试官说："先请1号张小姐与我面对面，其他人请在后排就座。"

于是，一位高挑身材的女孩坐到了屏幕面前，面试官问："准备好了吗？"

张小姐点了点头。

可能是过于紧张，她回答起问题支支吾吾的，语言也不流畅，还有一些口误。看到这里，林小姐的思绪已经飘走了。她没有想那么多，反正都是试试的，行的话最好不过了，不行的话那就当成一次历练吧。想这些时，她还是有些紧张的，面对如此强大的几位选手，她实在是找不出理由能够成功。

很快，前面几个人的面试就结束了。令人恐惧的是，还有位选手因为气氛紧张，晕倒了……

"8号林小姐，请做准备。"

林小姐深吸一口气，坐到了面试官的前面，等待着问问题。没想到，面试官只是看着她并没有说话，这让林小姐有些疑问和着急。不过，她的脸上还是一副淡定的微笑。

时间一分一秒过去，一位面试官说："你可以走了。下个星期一来上班！"

什么？我？林小姐内心一片欣喜和不可思议。但她还是忍不住问了句："为什么是我？"

"因为你能抵得住压力。一个人能够抵抗压力和折磨，就一定能成大事。相反，一个人无法抵抗得住压力和竞争，那就只能失败。看看那几个失败的竞争者吧，学历一个比一个高，成绩一个比一个优秀，但是，她们的心理素质差。"

听到这里，林小姐才恍然大悟，没想到自己的平常心竟然为自己的面试加了分。看来，压力真的是能够帮助自己的好伙伴。

在生活中，类似的面试有很多，有学历不高的打败了学历高的，有不够漂亮的打败了漂亮的……其实，在职场中，虽然女人的美貌和学历会为自己加分，但这不是唯一的衡量标准。一个女人的职场生涯能够越来越好，和抗压能力强有着密不可分的关系。

总的来说，当压力或挫折到来的时候，应该寻找一些方法去面对，而不是一味地逃避。对有些人来说，正是因为有了压力的存在，才有了前进的动力。

女人，别为明天的事情烦恼

所谓车到山前必有路，船到桥头自然直。当问题来了，那就想办法解决，就算是无法解决，那徒增烦恼也是不对的。况且，明天的烦恼，你又怎能提前解决？

在生活中，女人们总是试图将烦恼、不悦通通丢掉，想让自己的生活过得自在、无忧无虑。可实际上，许多事都无法预料，也无法按照自己的想法去做。可以说，过早地为将来担忧，不但于事无补，还会让自己活得很累，甚至让自己腾不出身心去感受快乐了。这样的话，不是剥夺了本该属于自己的快乐吗？

俗话说得好：活在当下。也就是说，我们只需要努力地过好现在就好了，不要试着去预支明天的烦恼，也不要想着早一步解决明天的烦恼。有这样的觉悟的话，就一定让自己过得轻松。相反，如果每天都怀着忧愁度过，设想自己可能会遇到的麻烦，那只会徒增烦恼。实际上，等烦恼来了，再去考虑也不迟啊！更重要的是，女人假想出来的烦恼，比真正的烦恼不知道要多出多少、烦恼多少呢！

有这样的一个小故事：

飞机正在白云之上翱翔。机舱内，空姐微笑着给乘客送食品。一位中年妇女细细地品尝美食，而邻座的年轻姑娘却愁眉苦脸地望着窗外的天空。

中年妇女颇为好奇，热情地问："姑娘，怎么不吃点儿？这伙食标准不低，味道也不错。"

年轻姑娘慢慢地扭过头，不无尴尬地说："谢谢，您慢用，我没胃口。"

中年妇女仍热情地搭讪："怎么会没胃口？是不是遇到什么不开心的事啦？"

面对中年妇女热心的询问，年轻姑娘有些无奈："遇到点儿麻烦事，心情不太好，但愿不会破坏了您的好胃口。"

中年妇女非但不生气，反倒更热心了："如果不介意，说来听听，兴许我还能给你排忧解难。"

年轻姑娘看了看表，还有一个多小时才能到目的地，聊就聊聊吧。

年轻姑娘说:"昨夜接到男友电话,说有急事要和我谈谈。问他有什么事,他说见了面再说。"

中年妇女听后笑了:"这有什么犯愁的呀?见了面不就全清楚了吗?"

年轻姑娘说:"可是他从来没这么和我说过话。要么是出了什么大事,要么就是有什么变故,或者……他是想和我分手,电话里不便谈。"

中年妇女笑出声:"姑娘,你的想法可不少。也许没那么复杂,是你想得太多。"

年轻姑娘叹道:"我昨天整个晚上都没合眼,总有一种不祥的预感。唉,你是没身临其境,哪能体会我此刻的心情。你要是遇到麻烦,就不会这样开心啦。"

中年妇女依然在笑:"你怎么知道我没遇到麻烦事?也许你的判断不够准确。"说着,中年妇女拿出一份离婚协议书,"我的婚姻亮了红灯,先生背叛了我,和公司年轻的秘书在一起了。"

年轻姑娘疑惑地问:"可……您为什么一点儿都不难过。"

中年妇女回答:"说不难过是假的,可难过又有什么用呢?这并不能挽回我的婚姻,还会毁掉自己的生活。"

年轻姑娘不禁有点佩服起眼前这位女人。一晃几十分钟过去,到达了目的地,中年妇女临别给了年轻姑娘一张名片,表示有时间可以联系。

几天后，年轻姑娘按照名片上的号码给中年妇女去了个电话："谢谢您，女士！如您所料，没有任何麻烦。我男友只想见见我，才出此下策。您的离婚协议怎么样了？"

那位中年妇女呵呵一笑："和你一样，没什么大麻烦。先生已经后悔，并辞退了那位年轻的秘书，我们没有离婚。一个男人，再怎么在外边拈花惹草，都懂得老婆只有一个，家庭才是最后的归宿。所以说，在没有解决问题前，没必要去预支烦恼。"

年轻姑娘由衷地佩服这位乐观豁达的女人。

许多烦心和忧愁都是自己给自己绑的绳索，是对自己心力的无端耗费，无异于自己设置虚拟的精神陷阱。只要好好把握现在，什么事情都可能出现转机。

在生活的储蓄卡上，如果预支了烦恼，就等于给自己买了一个枷锁，会让你无缘由地身心疲惫，而且疲惫得没有一点儿价值。真正的烦恼，就在那里，你烦，或者不烦，它都在那里；而虚拟的烦恼，本不在那里，你烦，它就真在那里了。

有句话说得好，即使不幸注定要在明天来临，你也没有必要今天就为它付出代价。过好今天最重要，烦恼真的来临时，再去积极面对也不晚。